平面幾何
パーフェクト・マスター

めざせ,数学オリンピック

International Mathematical Olympiad

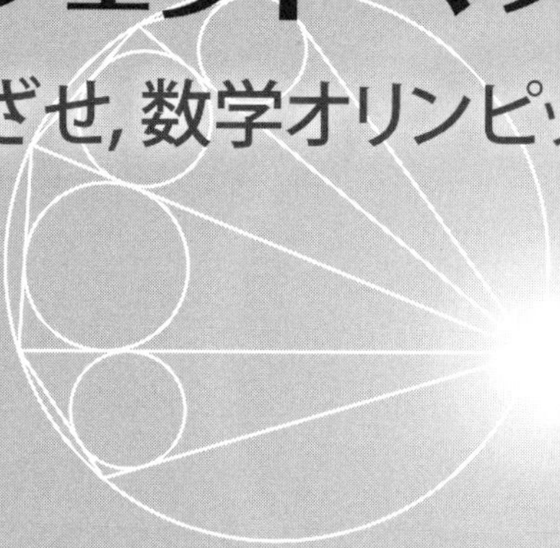

鈴木晋一
編著

日本評論社

|JCOPY| ＜(社)出版者著作権管理機構 委託出版物＞

本書の無断複写は著作権法上での例外を除き禁じられています.
複写される場合は, そのつど事前に,
　(社) 出版者著作権管理機構
　TEL：03-3513-6969, FAX：03-3513-6979, E-mail：info@jcopy.or.jp
の許諾を得てください.
また, 本書を代行業者等の第三者に依頼してスキャニング等の行為によりデジタル化することは,
個人の家庭内の利用であっても, 一切認められておりません.

まえがき

　世界の標準と比べて，日本の学習指導要領では幾何の取り扱い量が少なく，数学オリンピックの国際大会では日本人選手はいつも幾何の問題で苦戦しています．実際，現在の学習指導要領の高等学校「数学A」で扱う「図形の性質」までが，世界では中学校で学ぶ幾何の標準のようで，日本人選手は証明問題などで十分な訓練ができていません．

　本書は，過去に出された平面幾何の問題を収集して，いくつかの項目に分類し，丁寧な解答を付して，平面幾何に挑戦しようという諸君に材料を提供することを目的にしました．分類といっても，1つの項目に収まるものは少ないので，後に扱う項目の定理などが先に出てくる場合もありますが，高度のものは先行することはないように配慮しました．また，座標幾何やベクトルに関する問題はとりあげていません．三角関数（三角比）に関しては，必要最小限度にとどめました．これらに関しては，次の本に要領の良い解説と多数の問題がありますので，参考にしてください．

　　T. アンドレークス，Z. フェング著『三角法の精選103問』清水俊宏訳，

　　小林一章・鈴木晋一監訳，朝倉書店，2010．

　練習問題は初級・中級・上級に分けてあります．初級は数値を求める問題が主で，ジュニア数学オリンピックの予選問題程度，中級はジュニア数学オリンピックの本選・数学オリンピックの予選問題程度，上級は数学オリンピックの本選や国際数学オリンピックなどのかなり難しい問題ですが，これはあくまで便宜上の分類です．

　証明問題はもちろん，数値を求める問題においても，論理的にきちんと結論を導く訓練をすることが大事です．また，できるだけ正確な図を描いてみることも

大切です．それでうまく行かないときには，最初に描いた図にこだわらず，特殊
な場合，たとえば三角形を正三角形や二等辺三角形あるいは直角三角形などにし
てみると問題の本質が見えることがあります．とにかく，図を描くことを心がけ
てください．

　本書は，数学オリンピック財団の機関誌
　　　　math OLYMPIAN　　と　　JUNIOR math OLYMPIAN
に掲載した連載記事を添削して完成しました．問題の収集には，数学オリンピッ
ク財団の資料を活用しました．図版は，平澤万希子氏と亀井英子氏が丁寧に作成
してくださいました．出版に際しては，亀書房の亀井哲治郎氏に終始お世話にな
りました．ご協力いただいた皆様に心から御礼申し上げます．

　2015 年 1 月 10 日

鈴木晋一

目次

まえがき	**i**
問題の出典の略記号	**v**
第1章 多角形	**1**
基本的な言葉・定義	1
第2章 合同と相似	**19**
合同変換	19
相似変換	20
三角比	24
第3章 図形の面積	**43**
三角形の面積に関する基本公式	43
三角形の面積の比較	43
第4章 三角形の五心	**55**
言葉の導入 (定義)	55
基本事項	57
第5章 円周と多角形	**70**
基本事項	70
第6章 メネラウスの定理とチェバの定理	**84**
メネラウスの定理	84
チェバの定理	84

iv

第 7 章　幾何的不等式　　　　98

練習問題解答　　　　111

第 1 章の解答 …………………………………………………… 112

第 2 章の解答 …………………………………………………… 127

第 3 章の解答 …………………………………………………… 149

第 4 章の解答 …………………………………………………… 164

第 5 章の解答 …………………………………………………… 181

第 6 章の解答 …………………………………………………… 200

第 7 章の解答 …………………………………………………… 217

問題の出典の略記号

AHSME	American High School Mathematics Examination
AIME	American Invitational Mathematics Examination
AMC	American Mathematics Contest
APMO	Asia Pacific Mathematics Olympiad
AUSTRALIAN MO	Australian Mathematical Olympiad
AUSTRIA	Austrian Mathematical Olympiad
BALKAN MO	Balkan Mathematical Olympiad
BIMC	International Mathematics Competition at Bulugaria
BMO	British Mathematical Olympiad
BULUGARIAN MO	Bulugarian Mathematical Olympiad
CANADA MO	Canada Mathematical Olympiad
CHINA	China Mathematical Competition for Secondary Schools
CHNMO	China Mathematical Olympiad
CMC	China Mathematical Competition
CROATIA	Croatia Mathematical Olympiad
GREECE	Greece Mathematical Olympiad
HUNGARY	Hungary Mathematical Olympiad
IMO	International Mathematical Olympiad
INDIA	India Mathematical Olympiad
IREMO	Ireland Mathematical Olympiad
JJMO	Japan Junior Mathematical Olympiad

JMO	Japan Mathematical Olympiad
KIEV	Kiev Mathematical Olympiad
KOREAN MO	Korea Mathematical Olympiad
MOSCOW	Moscow Mathematical Olympiad
NORTH EUROPE MC	North Europe Mathematical Competition
ROMANIAN MC	Romanian Mathematical Competition
ROMANIAN MO	Romanian Mathematical Olympiad
RUSMO	All-Russia Olympics Mathematical Competitions
SMO	Singapore Mathematical Olympiads
SSSMO	Singapore Secondary Schools Mathematical Olympiad
TAIMC	Internationa Mathematics Competition at Taiwan
TURKEY	Turkey Mathematical Olympiad
USAMO	United States of America Mathematical Olympiad

　なお，TST は Team Selection Test の略で，その国（地域）の代表チームの選手を選抜するための試験および関連するトレーニング試験を示す．また Shortlist は提案問題（不採用）を示す．

第1章　多角形

基本的な言葉・定義

1. 平面上に 2 点 A, B があるとき，A と B を通る直線は 1 本あって，1 本しかない．この直線を，**直線** AB または単に AB で示す．直線を ℓ, m などの 1 つの文字で表すこともある．

　直線 AB の一部分で，点 A から点 B までの部分を (A と B を結ぶ) **線分** AB といい，A と B をその端点という．線分 AB の長さを $|AB|$ で表す．この線分の長さは 2 点 A, B 間の**距離**である．

　直線 AB の一部分で，点 A を端点とし，B を通って一方にだけ延びている部分を，(A を始点 (または端点) とし，B を通る) **半直線** AB という．

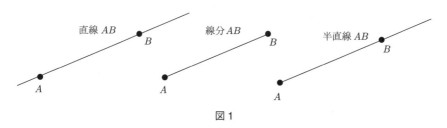

図 1

2. 1 つの点 A を始点とする 2 本の半直線 AB, AC とその間の領域からなる図形が**角**である．角をつくる 2 本の半直線を**辺**，半直線共通の始点を**頂点**という．図 2 のような角を $\angle BAC$ と表し，角 BAC と読む．$\angle BAC$ は 2 つあるが，特に断らない限り，小さい方の角を示す．また，混乱のない限り，$\angle BAC$ のことを，その頂点を使って単に，$\angle A$ や $\angle a$ と表すこともある．

　$\angle BAC$ の**大きさ** (= **角度**) を $(\angle BAC)$ で表す．また，混乱の恐れがない限り，

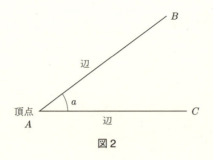

図2

($\angle BAC$) を ($\angle A$) や ($\angle a$) で表すことがある．

3. 2つの直線 ℓ, m が1点で交わるとき，図3左のように，4つの角ができる．このうち，$\angle a$ と $\angle c$，$\angle b$ と $\angle d$ を**対頂角**という．対頂角の大きさは等しい．

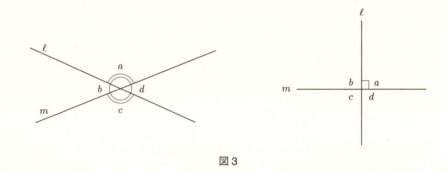

図3

図3右で，($\angle a$) = ($\angle b$) であるとき，この角を**直角**といい，その大きさ ($\angle a$) を $90°$ とする．このとき，対頂角の性質から，($\angle a$) = ($\angle b$) = ($\angle c$) = ($\angle d$) = $90°$ である．また，直線 ℓ と m は**垂直**である，または，**直交**するといい，$\ell \perp m$ で表す．さらにまた，ℓ と m は，互いに他方の**垂線**であるともいう．

4. 2本の直線 ℓ と m が共有点をもたないとき，**平行**であるといい，$\ell /\!/ m$ で表す．

図4右のように，2直線 ℓ, m に直線 n が交わっているとき，$\angle a$ と $\angle e$ のような位置関係にある2つの角を**同位角**という．$\angle b$ と $\angle f$，$\angle c$ と $\angle g$，$\angle d$ と $\angle h$ も，それぞれ，同位角である．

また，$\angle c$ と $\angle e$ のような位置関係にある2つの角を**錯角**という．$\angle d$ と $\angle f$ も錯角である．

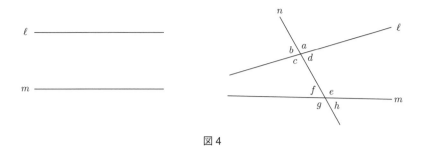

図 4

> **平行線の性質, 平行線になる条件**　図 4 右のように, 2 本の直線 ℓ, m に直線 n が交わるとき, 次が成り立つ:
> (1)　$\ell // m \implies$ 同位角は等しい. 　1 組の同位角が等しい $\implies \ell // m$.
> (2)　$\ell // m \implies$ 錯角は等しい. 　1 組の錯角が等しい $\implies \ell // m$.

　直線 ℓ と, ℓ 上にはない点 P があるとき, P を通って ℓ と平行な直線 m がただ 1 つある (平行線の公理). また, P を通って ℓ に垂直な直線 n がただ 1 つある. このとき, n と ℓ の交点 H を, (P から ℓ に下ろした) **垂線の足**という. $|PH|$ が P と ℓ, および ℓ と m の**距離**である.

　5. 多辺形・多角形　平面上に $n+1$ 個の点 $A_0, A_1, A_2, \cdots, A_{n-1}, A_n$ がある.

　このとき, n 個の線分 $A_0A_1, A_1A_2, \cdots, A_{n-1}A_n$ からなる図形 L を (A_0 と A_n を結ぶ) **折線**といい, 各 A_i を L の**頂点**, 各線分 A_iA_{i+1} を L の**辺**という. 折線 L のどの 2 辺についても, 隣り合う辺 $A_{i-1}A_i$, A_iA_{i+1} の共通の頂点 A_i 以外には, 共有点をもたないとき, 特に**単純折線**という.

　折線 L において, $A_0 = A_n$ (つまり, 始点 A_0 と終点 A_n が一致) の場合, L を**閉折線**または **n 辺形**という. 特に, L が単純折線である場合には, L を**単純閉折線**または**単純 n 辺形**という. 単純 n 辺形を総称して**多辺形**という.

　平面上の単純 n 辺形 L は, 平面を**内部**とよばれる有界領域と, **外部**とよばれる非有界領域とに分割する. L とその内部を合わせた図形 Π を, L を**境界**とする n **角形**といい, n 角形を総称して, **多角形**という.

　多角形 Π の連続する 2 辺 $A_{i-1}A_i$, A_iA_{i+1} のつくる角のうち, この多角形の内部を含む方を**内角**または**頂角**といい, $\angle A_{i-1}A_iA_{i+1}$ または単に $\angle A_i$ で示す.

6. 三角形・四角形　多角形のうち，三角形とついで四角形が頻繁に登場する．

3点 A, B, C を頂点とする三角形を，$\triangle ABC$ で表す．$\triangle ABC$ の3つの内角 $\angle CAB, \angle ABC, \angle BCA$ を，混乱の生じない限り，$\angle A, \angle B, \angle C$ で表す．

$\triangle ABC$ において，辺 BC の延長上に点 D をとるとき，$\angle ACD$ およびその対頂角を，頂点 C における (または，頂角 C の) **外角** という．頂点 A, B における外角も同じように定める．

$\triangle ABC$ において，$\angle A$ に対し，辺 BC をその **対辺**，辺 BC に対し，$\angle A$ をその **対角** という．$\angle A$ の対辺 BC の長さを a，$\angle B$ の対辺 CA の長さを b，$\angle C$ の対辺 AB の長さを c で表す習慣がある．本稿でもこの習慣に従う．

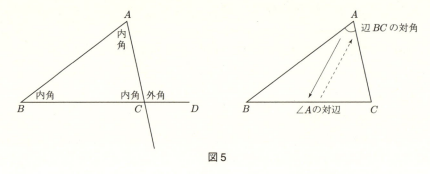

図 5

(1) 三角形においては，その2辺の長さの和は，残りの辺の長さより大きい．
三角形においては，その2辺の長さの差は，残りの辺の長さより小さい．
　(1)　$a+b>c, \ b+c>a, \ c+a>b$.
　(2)　$b+c>a>|b-c|$.

三角形が存在するための条件

正の実数 a, b, c を3辺の長さにもつ三角形が存在するための必要十分条件は，上の (1) または (2) のいずれかが成り立つことである (なお，(1) と (2) は同値である)．

---

(2) 三角形においては，3つの内角の和は $180°$ である．$\triangle ABC$ において，
$$(\angle A) + (\angle B) + (\angle C) = 180°,$$
$$0° < (\angle A), \ (\angle B), \ (\angle C) < 180°.$$

すべての内角が鋭角である三角形を **鋭角三角形**,
1つの内角が直角である三角形を **直角三角形**,
1つの内角が鈍角である三角形を **鈍角三角形** という.
△ABC の最大角を ∠C とすると,

$$(\angle C) < 90° \iff c^2 < a^2 + b^2 \quad (鋭角三角形)$$
$$(\angle C) = 90° \iff c^2 = a^2 + b^2 \quad (直角三角形)$$
$$(\angle C) > 90° \iff c^2 > a^2 + b^2 \quad (鈍角三角形)$$

(3) 三角形に次いで四角形が多く登場する. 四角形 $ABCD$ を □$ABCD$ で表す. n 角形で $n \geq 5$ については, とくに記号は用いない.

n 角形 ($n \geq 3$) で, 辺の長さがすべて等しく, 内角の大きさもすべて等しいものを, **正 n 角形** という.

(4) n 角形 ($n > 3$) において, 隣接しない2頂点を結ぶ線分を, その **対角線** という. n 角形には $\dfrac{(n-3)n}{2}$ 本の対角線がある. 対角線のうち, n 角形の内部に含まれるものを **内部対角線** という. n 角形には, 互いに交叉しない $n-3$ 本の内部対角線を選ぶことができる. これらの $n-3$ 本の内部対角線は n 角形を $n-2$ 個の三角形に分割するので,

n 角形の内角の和は $(n-2) \times 180°$ である.

(5) 平面上の図形 X が **凸** であるとは, その任意の2点 P, Q について, 線分 PQ が X に含まれる場合をいう. 三角形や円盤はすべて凸である.

n 角形 $\Pi = A_1 A_2 \cdots A_n$ によって, 辺 $A_{i-1} A_i$ の延長上に点 D をとるとき, $\angle A_{i+1} A_i D$ が Π の外部にあるとき, この角 $\angle A_{i+1} A_i D$ を頂点 A_i における **外角** という.

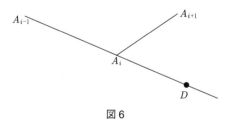

図 6

凸なる n 角形の外角の和は $360°$ である.

注 　n 角形 $A_1 A_2 \cdots A_n$ が凸 $\iff$ $(\angle A_i) \leq 180°$ $(i = 1, 2, \cdots, n)$
凸でない多角形の外角の定義は難しい．角に向きを定め，負の角も考えることによって定義も可能であるが，初等幾何では扱わない．

(6) 　三角形の 1 つの外角は，その 2 つの内対角の和に等しい．

(7) 　三角形においては，大きい内角の対辺は，小さい内角の対辺より大きく，またその逆も正しい．

(8) 　2 つの辺の長さが相等しい三角形を**二等辺三角形**といい，3 つの辺の長さが相等しい三角形を**正三角形**という．$\triangle ABC$ において，

$$|AB| = |AC| \iff (\angle B) = (\angle C).$$

次は，ピタゴラス関連の定理である．本書全般にわたって，何度も登場する．

定理 1 (ピタゴラスの定理) 　直角三角形において，直角を挟む 2 辺の長さを a, b とし，斜辺の長さを c とすると，$a^2 + b^2 = c^2$ が成り立つ．

定理 2 (ピタゴラスの定理の逆) 　三角形の 3 辺の長さ a, b, c が $a^2 + b^2 = c^2$ なる関係をみたすならば，この三角形は直角三角形で，直角を挟む 2 辺の長さが a, b であり，斜辺の長さが c である．

定理 3 　三角形が直角三角形であるための必要十分条件は，ある辺の中線の長さがその辺の長さの半分であることである．

定理 4 　直角三角形が 30° の内角をもつならば，その内角の対辺の長さは，斜辺の長さの半分である．

注 　平面幾何においては，線分 AB と線分 AB の長さ，$\angle ABC$ と $\angle ABC$ の大きさ (角度)，$\triangle ABC$ と $\triangle ABC$ の面積などは，それぞれ，別のものであって，区別して使うべきであるが，長さ・大きさ・面積などの言葉を入れると文章も式も冗長になって，必ずしも明快とは限らない．混乱の恐れがない限り，これらを省略して表現・表示することが多いので，注意を要する．
本稿では，線分 AB の長さを $|AB|$ で，角 $\angle ABC$ の大きさを $(\angle ABC)$ で，図形 X の面積を $[X]$ で表す．

例題

例題 1 (JJMO/2009 本選改) △ABC において，$(\angle A) = 60°$ であるとき，次が成り立つことを証明せよ：

$$2|BC| \geq |AB| + |CA|.$$

解答 線分 BA の A 側への延長上に点 D を $|AD| = |AC|$ となるように定める（下左図参照）．このとき，△ACD は二等辺三角形となるから，$(\angle ADC) = (\angle ACD)$ である．$(\angle ACD) + (\angle ADC) = (\angle BAC) = 60°$ だから，$(\angle ADC) = 30°$ である．

B から CD に下ろした垂線の足を H とする．このとき，$|BC| > |BH|$ であり，△BDH の 3 つの内角の大きさは $30°, 60°, 90°$ であるから，$|BD| = 2|BH|$ である．$|BD| = |BA| + |AD| = |AB| + |AC|$ より，

$$2|BC| \geq 2|BH| = |BD| = |AB| + |AC|.$$

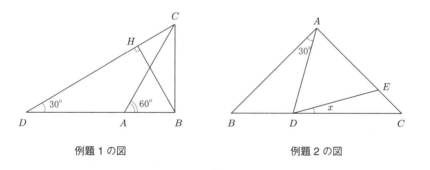

例題 1 の図　　　　　　　例題 2 の図

例題 2 (AHSME/1956) 上右図において，$|AB| = |AC|$, $(\angle BAD) = 30°$, $|AE| = |AD|$ である．このとき，$\angle CDE$ の大きさ $(\angle CDE)$ を求めよ．

解答 $(\angle CDE) = x$ とすると，

$$x = (\angle ADC) - (\angle ADE) = (\angle ADC) - (\angle AED) = (\angle ADC) - (x + (\angle C)).$$

よって，$x = \dfrac{1}{2}((\angle ADC) - (\angle C)) = \dfrac{1}{2}((\angle B) + 30° - (\angle C)) = 15°$．

例題 3 (AMC/2001)　$\triangle ABC$ の辺 BC 上に点 D がある．$|CD| = 2|BD|$, $(\angle ABC) = 45°$, $(\angle DAB) = 15°$ のとき，$(\angle ACB)$ を求めよ．

解答　線分 AD 上に $|DE| = |BD|$ となる点 E をとる．$\triangle CDE$ に着目すると，
$$(\angle CDE) = (\angle ABC) + (\angle DAB) = 45° + 15° = 60°$$
であり，また $|CD| : |DE| = 2 : 1$ だから，$(\angle CED) = 90°$, $(\angle DCE) = 30°$ である．

$|DE| = |BD|$ と $(\angle CDE) = 60°$ より，$\triangle DEB$ は $(\angle DEB) = (\angle DBE) = 30°$ なる二等辺三角形である．よって，
$$(\angle EBA) = 45° - 30° = 15° = (\angle EAB)$$
となるので，$\triangle EAB$ も二等辺三角形であり，$|EB| = |EA|$ である．

また，$(\angle DBE) = 30° = (\angle DCE)$ より，$\triangle EBC$ も二等辺三角形であり，$|EB| = |EC|$ となる．

$(\angle CED) = 90°$, $|EB| = |EA| = |EC|$ より，$\triangle CEA$ は直角二等辺三角形となるから，$(\angle ACE) = 45°$ である．よって，
$$(\angle ACB) = (\angle ACE) + (\angle DCE) = 45° + 30° = 75°.$$

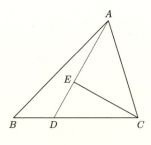
例題 3 の図

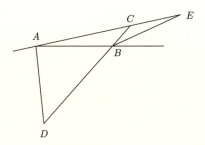
例題 4 の図

第 1 章　多角形　　9

例題 4 (CHINA/1986)　上右図に示すように，$\triangle ABC$ において，$\angle A$ の外角の 2 等分線と直線 BC が点 D で交わり，$\angle B$ の外角の 2 等分線と直線 AC が点 E で交わり，D, E は直線 AB に関して反対側にある．$|AD| = |AB| = |BE|$ のとき，$\angle A$ の大きさを求めよ．

解答　$|AB| = |BE|$ より，$(\angle BAE) = (\angle BEA) \, (= \alpha \text{ とおく})$，

$\qquad |AB| = |AD|$ より，$(\angle ABD) = (\angle ADB) \, (= \beta \text{とおく})$．

$(\angle CBE) = \gamma$, $(\angle ACB) = \delta$ とおけば，

BE が $\angle B$ の外角の 2 等分線であることと，対頂角の性質より，$\beta = 2\gamma \; \cdots$ ①

$\triangle ABC$ の内角と外角の関係より，$\qquad\qquad\qquad\qquad \beta = \alpha + \delta \; \cdots$ ②

$\triangle BCE$ の内角と外角の関係より，$\qquad\qquad\qquad\qquad \delta = \gamma + \alpha \; \cdots$ ③

$\triangle ABD$ の内角と外角の関係より，$\qquad\qquad \dfrac{180° - \alpha}{2} + 2\beta = 180° \; \cdots$ ④

連立一次方程式①，②，③，④を解いて，$\qquad\qquad (\angle A) = \alpha = 12°$．

例題 5 (AMC/2012)　平面上に相異なる 4 点があり，それらの 2 点間の距離が $a, a, a, a, 2a, b$ であった．比 $a : b$ を求めよ．

解答　6 本の線分のうち 4 本が長さ a なので，ある 3 点（これらを A, B, C とする）は 1 辺の長さが a の正三角形を構成する．第 4 の点 D は A, B, C のいずれかとの距離が a である；一般性を失うことなく，$|DA| = a$ と仮定してよい．したがって，D は A を中心とする半径 a の円周上にある．D と B または C との距離は $2a$ だから，$|DB| = 2a$ と仮定しても一般性を失わない．したがって，線分 BD はこの円周の直径である．よって，BD は直角三角形 DCB の斜辺で，直角を挟む 2 辺の長さは $|BC| = a$, $|CD| = b$ である．したがって，ピタゴラスの定理より，$b^2 = (2a)^2 - a^2 = 3a^2$ が成り立つ．よって，

$$a : b = 1 : \sqrt{3}.$$

例題 6 (AMC/2001)　正方形の四隅から直角二等辺三角形を切り落として正八角形をつくる．正方形の 1 辺の長さが 2000 のとき，できあがった正八角形の 1 辺の長さはいくらか．

解答　正八角形の 1 辺の長さを x とおくと，切り落とされた直角二等辺三角形の斜辺以外の 2 辺の長さは，ピタゴラスの定理から，$\dfrac{1}{\sqrt{2}}x$ である (下左図参照)．よって，もとの正方形の 1 辺の長さは $2 \times \dfrac{1}{\sqrt{2}}x + x = 2000$ と表せるので，

$$x = \frac{2000}{\sqrt{2}+1} = 2000(\sqrt{2}-1).$$

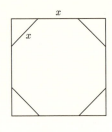
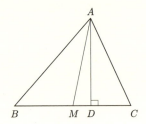

例題 6 の図　　　　　　　　　　　例題 7 の図

例題 7 (中線定理，パップスの定理)　$\triangle ABC$ において，辺 BC の中点を M とするとき，次が成り立つことを証明せよ：
$$|AB|^2 + |AC|^2 = 2(|AM|^2 + |BM|^2).$$

解答　頂点 A から直線 BC に下ろした垂線の足を D とする．ピタゴラスの定理から，次を得る：

$$|AB|^2 = |BD|^2 + |AD|^2 = (|BM|+|MD|)^2 + |AD|^2$$
$$= |BM|^2 + 2|BM|\cdot|MD| + |MD|^2 + |AM|^2 - |MD|^2$$
$$= |BM|^2 + |AM|^2 + 2|BM|\cdot|MD|.$$

同様にして，次も得られる：

$$|AC|^2 = |CM|^2 + |AM|^2 - 2|MC| \cdot |MD|.$$

したがって，上の2つの等式を辺々加えると，$|BM| = |CM|$ を考慮して，与式

$$|AB|^2 + |AC|^2 = 2(|AM|^2 + |BM|^2)$$

が得られる．

注 AM の延長上に点 E を四角形 $ABEC$ が平行四辺形となるように選べば，この中線定理は平行四辺形の決定条件

$$|AB|^2 + |BE|^2 + |EC|^2 + |CA|^2 = |AE|^2 + |BC|^2$$

と同じとなる．

また，$(\angle A) = 90°$ の場合がピタゴラスの定理であり，ピタゴラスの定理のいくつかある一般化の一つとしても知られている．

例題 8 (SSSMO/2003)　次図左は 6 角形 $ABCDEF$ を 5 個の 2 等辺直角三角形 ABO, BCO, CDO, DEO, EFO と 1 個の三角形 FAO に分割したものを表す．ここで，点 O は直線 BF と直線 AE の交点である．$|OA| = 8$ のとき，$\triangle FAO$ の面積 $[\triangle FAO]$ を求めよ．

解答 $|OC| = \dfrac{1}{\sqrt{2}}|OB| = \left(\dfrac{1}{\sqrt{2}}\right)^2|OA| = \dfrac{1}{2}|OA|$

だから，次を得る：

$$|OE| = \frac{1}{2}|OC| = \frac{1}{4}|OA| = 2.$$

また，2つの直角三角形 $\triangle EFO$, $\triangle ABO$ は相似であるから，

$$|EF| = |OF| = \frac{1}{4}|OB| = \frac{1}{4\sqrt{2}}|OA|$$

を得る．点 F から直線 AE に下ろした垂線の足を G とすると，

$$|FG| = \frac{1}{\sqrt{2}}|OF| = \frac{1}{8}|OA| = 1$$

であるから，

$$[\triangle FAO] = \frac{1}{2}|AO| \cdot |FG| = 4.$$

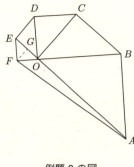
例題 8 の図

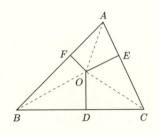
例題 9 の図

例題 9 △ABC において,O をその内点とし,O から辺 BC, CA, AB のそれぞれに垂線を下ろし,その足を順に D, E, F とする.次を証明せよ:
$$|AF|^2 + |BD|^2 + |CE|^2 = |BF|^2 + |CD|^2 + |AE|^2.$$

解答 直角三角形 OAF, OBF, OBD, OCD, OCE, OAE にピタゴラスの定理を適用することにより,次が得られる:

$$\begin{aligned}
&|AF|^2 + |BD|^2 + |CE|^2 \\
&= (|OA|^2 - |OF|^2) + (|OB|^2 - |OD|^2) + (|OC|^2 - |OE|^2) \\
&= (|OB|^2 - |OF|^2) + (|OC|^2 - |OD|^2) + (|OA|^2 - |OE|^2) \\
&= |BF|^2 + |CD|^2 + |AE|^2.
\end{aligned}$$

注 この問題で,△DEF を足点 O に関する**垂足三角形** (pedal triangle) という.特に,点 O が △ABC の垂心である場合にはこの垂足三角形を**垂心三角形** (orthic triangle) といい,その 3 辺の長さは |OA|, |OB|, |OC| で表すことができる.

例題 10 (2007/JJMO) □ABCD の対角線 AC, BD は四角形の内部の点 P で交わっている.|AC| = 2, |BD| = 3, (∠APB) = 60° であるとき,

$$|AB| + |BC| + |CD| + |DA|$$
がとり得る最小値を求めよ.

解答 下図のように，□ABEC, □ACFD が平行四辺形になるように，点 E, 点 F をとる．$|AB| = |CE|, |DA| = |FC|$ であって，三角不等式より，

$$|BC| + |CF| \geq |BF|, \qquad |DC| + |CE| \geq |DE|$$

が成り立つので，次の不等式を得る：

$$|AB| + |BC| + |CD| + |DA| \geq |BF| + |DE|.$$

ところで，$|BE| = |AC| = 2, |BD| = 3, (\angle DBE) = (\angle APB) = 60°$ であるから，平行四辺形 □BEFD は □ABCD のとり方に依らずに定まるから，その対角線の長さ $|BF|, |DE|$ も □ABCD のとり方に依らずに定まることに注意する．特に対角線 AC, BD がそれぞれの中点で交わる場合を考えると，

$$|BC| + |CF| = |BF|, \qquad |DC| + |CE| = |DE|$$

が成り立つ．よってこのとき，

$$|AB| + |BC| + |CD| + |DA| = |BF| + |DE|$$

となるので，求める最小値は $|BF| + |DE|$ である.

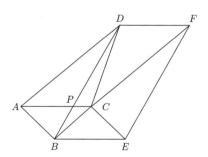

最後に $|BF|, |DE|$ を求めよう．E から直線 BD に下ろした垂線の足を H とすると，直角三角形 △BEH において，$|BE| = |AC| = 2, (\angle EBH) = (\angle APB) = 60°$ だから，$|BH| = 1, |EH| = \sqrt{3}$ となり，$|HD| = |BD| - |BH| = 2$ となるので，直角三角形 △DEH にピタゴラスの定理を適用して，$|DE| = \sqrt{7}$ を得る．

14

次に，F から BD に下ろした垂線の足を K とすると，$\triangle DFK \equiv \triangle BEH$ より，$|DK| = |BH| = 1$, $|FK| = |EH| = \sqrt{3}$ だから，$|BK| = |BD| + |DK| = 3 + 1 = 4$ を得る．直角三角形 $\triangle BFK$ にピタゴラスの定理を適用して，

$$|BF|^2 = |BK|^2 + |FK|^2 = 4^2 + (\sqrt{3})^2 = 16 + 3 = 19$$

より，$|BF| = \sqrt{19}$ を得る．

よって，求める最小値は，$|BF| + |DE| = \sqrt{19} + \sqrt{7}$.

■■■ 第1章 練習問題 (初級) ■■■

1. (JJMO/2011予選)　$\square ABCD$ は $(\angle DAB) = 90°$, $(\angle ABC) = (\angle BCD) = 60°$ をみたす．$|AB| = 5$, $|CD| = 4$ のとき，$|BC|$ を求めよ．

2. (AMC/2009)　凸なる $\square ABCD$ において，$|AB| = 5$, $|BC| = 17$, $|CD| = 5$, $|DA| = 9$ である．$|BD|$ が整数であるとすると，$|BD|$ はいくらか．

3. (AMC/2013)　$\triangle ABC$ は，$|AB| = 1$ なる正三角形である．2点 E, G は辺 AC 上にあり，2点 D, F は辺 AB 上にあり，2直線 DE, FG はともに直線 BC と平行である．さらに，$\triangle ADE$ と台形 $DFGE$ および台形 $FBCG$ はすべて同じ周長をもつという．$|DE|$, $|FG|$ を求めよ．

4. (AHSME/1961)　$\triangle ABC$ において，$|AB| = |BC|$ である．P と Q を，それぞれ，辺 BC, AB 上の点とし，$|AC| = |AP| = |PQ| = |QB|$ をみたすとする．このとき，$\angle B$ の大きさを求めよ．

5. (CHINA/1997)　$\triangle ABC$ を，$(\angle ACB) = 90°$ なる直角三角形とする．E, F は辺 AB 上の点で，$|AE| = |AC|$, $|BF| = |BC|$ をみたすとき，$\angle ECF$ の大きさを求めよ．

6. (AHSME/1996)　$\triangle ABC$ と $\triangle ABD$ は，$|AB| = |AC| = |BD|$ なる二等辺三角形であり，直線 AC と直線 BD は点 E で交わっている．もし AC と BD が直交している場合，$(\angle C) + (\angle D)$ を求めよ．

7. (JJMO/2007)　$\square ABCD$ において，$|AB| = 5$, $|BC| = 7$, $|CD| = 6$ であ

り，対角線 AC と BD は四角形の内部で直交している．辺 DA の長さを求めよ．

8. (JJMO/2003)　1つの辺の長さが18で，残りの2つの辺の長さがともに整数であるような直角三角形の斜辺の長さとして考えられる値をすべて求めよ．

9. (CHINA/1995)　$\triangle ABC$ において，$(\angle A) = 90°$，$|AB| = |AC|$ である．辺 BC 上の点 D について，次が成り立つことを証明せよ：
$$|BD|^2 + |CD|^2 = 2|AD|^2.$$

10. (AMC/2011)　下図において，$\triangle ABC$ は，$|AB| = 5$，$|BC| = 4$，$|CA| = 3$ である．辺 AB に垂直な直線 DE で $\triangle ABC$ を分割したとき，$\triangle EDB$ の面積は $\triangle ABC$ の面積の3分の1であった．線分 BD の長さを求めよ．

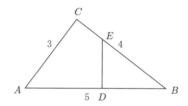

11. (AMC/2010)　$\triangle ABC$ において，$|AB| = 2|AC|$ である．D, E は，それぞれ，辺 AB，BC 上の点で，$(\angle BAE) = (\angle ACD)$ をみたす．AE と CD の交点を F とする．$\triangle CFE$ が正三角形となるとき，$\angle ACB$ の大きさを求めよ．

12. (JJMO/2014 予選)　$\square ABCD$ は，$BC \mathbin{/\mkern-5mu/} AD$ なる台形で，
$$|AB| = 1, \quad |BC| = 1, \quad |CD| = 1, \quad |DA| = 2$$
が成り立っている．辺 BC の中点を M とする．辺 AD 上に2点 E, F が，辺 CD 上に点 G があり，次をみたしている：
$$(\angle EMG) = (\angle FGM) = 90°, \qquad |EF| = \frac{3}{2}.$$
このとき，線分 DG の長さを求めよ．

16

$$\blacksquare\quad\boxed{\text{第 1 章 練習問題 (中級)}}\quad\blacksquare$$

1. (JJMO/2010 本選)　n を 3 以上の整数とする．どの内角も $120°$ か $240°$ であり，辺の長さがすべて等しい n 角形が存在するような n をすべて求めよ．

2. (CHINA/1998)　$\triangle ABC$ において，$(\angle A) = 96°$ である．BC の延長上に任意に 1 点 D を選ぶ．$\angle ABC$ の 2 等分線と $\angle ACD$ の 2 等分線の交点を A_1 とし，$\angle A_1 BC$ の 2 等分線と $\angle A_1 CD$ の 2 等分線の交点を A_2 とし，同様に続ける．$\angle A_4 BC$ の 2 等分線と $\angle A_4 CD$ の 2 等分線の交点を A_5 とするとき，$\angle A_5 = \angle BA_5 C$ の大きさを求めよ．

3. (JJMO/2010 本選)　5 本の線分がある．この中から 3 本を選ぶ方法は 10 通りあるが，そのうち 9 通りでは選んだ 3 本を辺とする鋭角三角形を作れる．このとき，残りの 1 通りで選んだ 3 本を辺とする三角形を作れることを示せ．

4. (JMO/2002 予選)　$\triangle ABC$ において，$\angle A$ の 2 等分線と辺 BC との交点を D とする．次の 2 条件をみたすとき，$\angle A$ の大きさを求めよ：

$$(\angle A) : (\angle C) = 2 : 3, \qquad |AB| + |CD| = |AC|.$$

5. (CHINA/1996)　$\triangle ABC$ は正三角形で，その内点 P について，

$$|PA| = 2, \quad |PB| = 2\sqrt{3}, \quad |PC| = 4$$

が成り立っている．$\triangle ABC$ の 1 辺の長さを求めよ．

6. (SSSMO/2003)　中心が O で，半径が $52\,(\mathrm{cm})$ の円周があり，AB はこの円周の弦である．点 M は弦 AB を $|AM| = 63\,(\mathrm{cm})$, $|MB| = 33\,(\mathrm{cm})$ に分割する．$|OM|$ を求めよ．

7. (CHINA/1996)　$\square ABCD$ は長方形で，その内点 P について，

$$|PA| = 3, \quad |PB| = 4, \quad |PC| = 5$$

が成り立つとき，$|PD|$ を求めよ．

8. (HUNGARY/1992)　$\square ABCD$ を凸四角形とする．$AC \perp BD$ であるための必要十分条件は，$|AB|^2 + |CD|^2 = |AD|^2 + |BC|^2$ であることを証明せよ．

9. (JMO/2011 予選)　$\triangle ABC$ において $(\angle ABC) = 90°$ である．辺 BC, CA, AB 上に，それぞれ，点 P, Q, R があり，$|AQ|:|QC| = 2:1$, $|AR| = |AQ|$, $|QP| = |QR|$, $(\angle PQR) = 90°$ が成立している．$|CP| = 1$ のとき，$|AR|$ を求めよ．

10. (JMO/1992 予選)　直角三角形 ABC に下図のように正方形 S と T を入れたとき，S の面積は 441，T の面積は 440 であった．このとき，$|AC| + |CB|$ を求めよ．

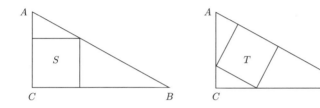

■■■　第1章 練習問題 (上級)　■■■

1. (JMO/2005 予選)　正五角形 $ABCDE$ の内部に，$(\angle ABP) = 6°$, $(\angle AEP) = 12°$ となるように点 P をとる．このとき，$\angle PAC$ の大きさを求めよ．

2. (AUSTRIA/2007)　$\square ABCD$ は平行四辺形である．辺 CD の中点 M が $\angle BAD$ の 2 等分線上にあるとき，$\angle AMB$ は直角であることを証明せよ．

3. (IMO/2001)　$\triangle ABC$ において，$\angle A$ の 2 等分線と辺 BC との交点を P，$\angle B$ の 2 等分線と辺 CA との交点を Q とする．これらが，次の 2 条件をみたしている：

$$(\angle A) = 60°, \qquad |AB| + |BP| = |AQ| + |QB|.$$

このとき，$\angle B$, $\angle C$ の大きさとしては，どのようなものがあり得るか．

4. (JMO/1993 予選)　一辺の長さが 1 の正方形 $ABCD$ 内の任意の点を P, Q とするとき，

$$|AP| + |BP| + |PQ| + |CQ| + |DQ|$$

の最小値を求めよ．

5. (フェルマー点) 鋭角三角形 ABC の内部の点 P について，$|PA|+|PB|+|PC|$ が最小になる点 P を求めよ．

6. (AUSTRALIAN MO/2001) $\triangle ABC$ について，直線 BC, CA, AB 上に，それぞれ，点 P_A, P_B, P_C がある．l_A, l_B, l_C は，それぞれ，P_A, P_B, P_C を通る直線で，$l_A \perp BC$, $l_B \perp CA$, $l_C \perp AB$ をみたす．このとき，次を証明せよ：

l_A, l_B, l_C が 1 点で交わる (共点である) ための必要十分条件は，次の等式が成り立つことである：

$$|P_AC|^2 + |P_BA|^2 + |P_CB|^2 = |P_AB|^2 + |P_BC|^2 + |P_CA|^2.$$

7. (スチュワートの定理) $\triangle ABC$ の辺 BC 上の点を D とする．$|BD|:|DC| = m:n\ (m>0, n>0)$ のとき，次の等式が成り立つことを証明せよ：

$$n|AB|^2 + m|AC|^2 = (m+n)|AD|^2 + n|BD|^2 + m|DC|^2.$$

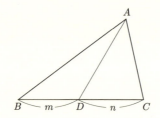

第 2 章　合同と相似

合同変換

　平面上の 2 つの図形 A, B について，A を **平行移動**，**回転移動**，**対称移動** (折り返し，あるいは裏返しともいう) を用いて B に重ね合わせることができるとき，A と B は **合同** (congruent) であるといい，

$$A \equiv B$$

で表す．

> **注意**　世界的には，合同は $A \cong B$ で表す方が多い．

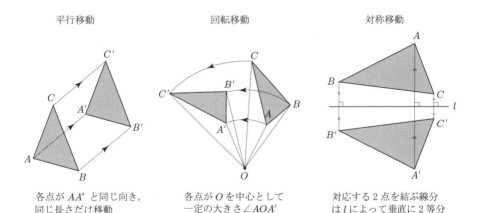

図 1

　これらの移動は平面の **合同変換** とよばれ，図形の大きさや形を変えない平面の

変換である．幾何においては，三角形の合同は極めて重要であり，2つの幾何的要素 (例えば，2つの線分，2つの角，2つの辺の和，2つの角の差，等々) が等しいか否かの証明において基礎的な道具である．2つの三角形が合同であるとは，それらがすべての観点からみて同じであることを意味し，したがって，対応する幾何的要素はすべて相等しい．

三角形の合同条件

(i) **(S.A.S.)**　一方の三角形の 2 辺とその夾角が，他方の三角形の対応する 2 辺とその夾角と相等しい．(**2 辺夾角相等**)

(ii) **(A.A.S.)**　一方の三角形の 2 つの内角とその夾辺が，他方の三角形の対応する 2 つの内角とその夾辺と相等しい．(**2 角夾辺相等**)

(iii) **(S.S.S.)**　一方の三角形の 3 辺が，他方の三角形の対応する 3 辺と相等しい．(**3 辺相等**)

---

2 つの三角形が直角三角形であることがわかっている場合は，(1 つの内角が一致しているから) 合同条件は次のように単純になる：

(iv) **(S.A.)**　一方の三角形の 1 辺と 1 つの鋭角が，他方の三角形の対応する 1 辺と 1 つの鋭角と相等しい．

(v) **(S.S.)**　一方の三角形の 2 辺が，他方の三角形の対応する 2 辺と相等しい．

相似変換

平面上の点 O と正の数 k に対し，平面上の各点 P に半直線 OP 上の点 P' で，$|OP| = k|OP'|$ をみたすものを対応させる変換を O **を中心とする** k **倍変換**という．

k 倍変換と合同変換の合成で得られる平面上の変換を**相似比** k **の相似変換**という．

相似比 k の相似変換により，図形 X が図形 Y に移るとき，Y は X に相似比 k

で相似であるといい，

$$X \sim Y$$

と書く．$k>1$ のときは Y は**拡大**され，$k=1$ のときは $Y \equiv X$ であり，$k<1$ のときは Y は**縮小**される．

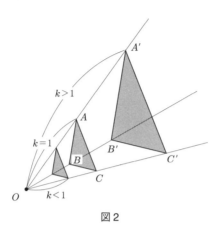

図 2

2 つの円周 (円盤) は常に相似で，その相似比は半径の比である．

$\triangle ABC$ が $\triangle A'B'C'$ に k 倍変換で移るとする．対応する辺は平行であることから，同位角が等しくなり，したがって，対応する角の大きさは等しい．また，対応する辺の長さの比は k で一定である．

三角形の相似条件
 (ⅰ) **(A.A.A.)** 2 組の対応する内角が相等しい．(**2 角相等**)
 (ⅱ) **(S.S.S.)** 3 組の対応する辺の比が相等しい．(**3 辺比相等**)
 (ⅲ) **(S.A.S.)** 2 組の対応する辺の比が相等しく，それらの夾角が相等しい．(**2 辺比夾角相等**)

相似三角形の基本性質
 (Ⅰ) 相似な 2 つの三角形においては，対応する高さ，対応する中線の長さ，周長などが，対応する辺の比と同じ一定の比である．
 (Ⅱ) 相似な 2 つの三角形を相似変換で一方を他方に移すと考えるときには，

相似変換は図形の多くの特徴を変えない；線分 (直線) は線分 (直線) に移し，内角の大きさも変えないし，平行線は平行線に移すし，交差する 2 直線の交角も変えずに保つ．

(III)　相似な 2 つの三角形については，それらの面積の比は，それらの辺の長さの平方の比である．

線分の比例に関する基本性質

$a, b, c, \cdots$ によって線分の長さを表すとき，代数の場合と同じく，次のような比例関係が保持される：

(1)　$\dfrac{a}{b} = \dfrac{c}{d} \implies ad = bc$

(2)　$\dfrac{a}{b} = \dfrac{c}{d} \implies \dfrac{a+b}{b} = \dfrac{c+d}{d}$

(3)　$\dfrac{a}{b} = \dfrac{c}{d} \implies \dfrac{a-b}{b} = \dfrac{c-d}{d}$

(4)　$\dfrac{a}{b} = \dfrac{c}{d} \neq 1 \implies \dfrac{a+b}{a-b} = \dfrac{c+d}{c-d}$

(5)　$\dfrac{a}{b} = \dfrac{c}{d} = \cdots = \dfrac{m}{n} \implies \dfrac{a+c+\cdots+m}{b+d+\cdots+n} = \dfrac{a}{b} = \dfrac{c}{d} = \cdots = \dfrac{m}{n}$

|ターレスの定理|　$\triangle ABC$ において，直線 AB, AC 上に，それぞれ，点 D, E をとるとき，次が成り立つ：

$$BC \mathbin{/\!/} DE \iff |AD|:|DB| = |AE|:|EC|.$$

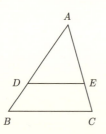 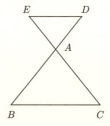

図 3

証明は，この章の例題 1 において与える．また，ターレスの定理として，次の形でもよく使われる：

$$BC \mathbin{/\!/} DE \iff |AD|:|AB| = |AE|:|AC| = |DE|:|BC|.$$

ターレスの定理より，一般に次が容易に示され，「平行線と比の移動」としてよく使われる：

平行線と比の移動 下の図のように，3本の直線 ℓ, m, n と，これらと交叉する2直線があり，交点を図のように定めると，次が成立する：

$$\ell \,//\, m \,//\, n \iff \frac{|AB|}{|A'B'|} = \frac{|BC|}{|B'C'|} = \frac{|AC|}{|A'C'|}.$$

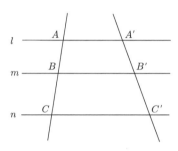

図4

ターレスの定理において，点 D が辺 AB の中点の場合を，中点連結定理という．この定理は，線分の中点や平行線との関わりで，平面幾何では最もよく使われるものの一つなので，改めて掲げることにする．

三角形において，その2辺の中点を結ぶ線分を，その三角形の**中央線** (midline) ということにする．三角形には3本の中央線があり，それらで中点三角形を構成する．

四角形で，1組の対辺が平行であるものを**台形**といい，平行な2辺をその**底辺**，残りの2辺をその**脚**という．平行四辺形も台形である．

台形において，その2本の脚の中点を結ぶ線分を，その台形の**中央線** (midline) ということにする．

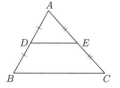 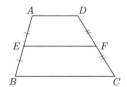

図5

注　日本では，中央線 (midline) を数学用語としては採用していない．しかし，この用語はとても便利なので，あえて採用する．

三角形の中点連結定理　△ABC において，辺 AB, AC 上の点を，それぞれ，D, E とすると，次が成り立つ：

$$DE \mathbin{/\!/} BC, \ |DE| = \frac{1}{2}|BC| \Longleftrightarrow D, E \text{ は，それぞれ，} AB, AC \text{ の中点である．}$$

（すなわち，DE は中央線である．）

台形の中点連結定理　□ABCD を AB // CD なる台形とし，E, F を，それぞれ，辺 AD, BC の中点とすると，次が成り立つ：

$$EF \mathbin{/\!/} AB \mathbin{/\!/} CD, \qquad |EF| = \frac{1}{2}(|AB| + |CD|).$$

三角形については，中央線は第 3 の辺の半分であるから，また台形については，中央線は 2 つの底辺の和の半分であるから，中央線は，線分の長さを比較する際に，これらの線分を 2 倍にして半分にする変化の道具として用いることができ，比較がより容易になるのである．

三角比

鋭角 XAY において，AY 上の任意の点 B から AX に垂線 BC を下ろせば，直角三角形 ABC の 3 辺の長さの比は ∠XAY の大きさだけで決まり，点 B のとり方に無関係である．それは，AY 上の他の点 B' から垂線 B'C' を下ろせば，△ABC と △AB'C' は点 A を相似の中心として相似の位置にあるから，もちろん

△ABC ∼ △AB'C' で，

$$\frac{|BC|}{|AB|} = \frac{|B'C'|}{|AB'|}, \quad \frac{|AC|}{|AB|} = \frac{|AC'|}{|AB'|}, \quad \frac{|BC|}{|AC|} = \frac{|B'C'|}{|AC'|}$$

が成り立つからである．そこで，$|BC| = a$, $|CA| = b$, $|AB| = c$ とし，

$$\sin(\angle A) = \frac{a}{c}, \quad \cos(\angle A) = \frac{b}{c}, \quad \tan(\angle A) = \frac{a}{b}$$

とおいて，これらを順に，∠A の**正弦** (sine)，**余弦** (cosine)，**正接** (tangent) とよぶ．上の定義で，$(\angle A) = 0°, 90°$ でもよいが，$\tan 90°$ は定義しない．

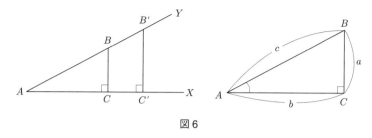

図 6

鈍角の三角比についても，同様に定義する．$90° < (\angle XAY) \leq 180°$ なる角について，AY 上の任意の点 B から直線 AX に下ろした垂線の足を C とする．この場合も，$|BC| = a$, $|CA| = b$, $|AB| = c$ とおいて，$\angle A$ の**正弦**，**余弦**，**正接**を，順に次の式で定義する：

$$\sin(\angle A) = \frac{a}{c}, \quad \cos(\angle A) = -\frac{b}{c}, \quad \tan(\angle A) = -\frac{a}{b}.$$

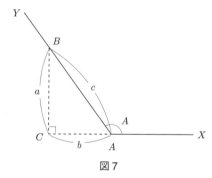

図 7

これらの定義から，次が分かる：

三角比の関係

$0 \leq (\angle A) \leq 90°$ について，

$$\sin(90° - (\angle A)) = \cos(\angle A), \quad \cos(90° - (\angle A)) = \sin(\angle A),$$
$$\tan(\angle A) = \frac{\sin(\angle A)}{\cos(\angle A)}.$$

$0 \leq (\angle A) \leq 180°$ について，

$$\sin(180° - (\angle A)) = \sin(\angle A), \quad \cos(180° - (\angle A)) = -\cos(\angle A).$$
$$\sin^2(\angle A) + \cos^2(\angle A) = 1. \text{ (ピタゴラスの定理)}$$

注 $\sin^2(\angle A) = (\sin(\angle A))^2$, $\cos^2(\angle A) = (\cos(\angle A))^2$.

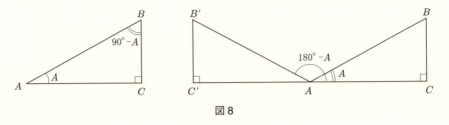

図 8

正弦法則 △ABC において，R をその外接円の半径とすると，
$$\frac{a}{\sin(\angle A)} = \frac{b}{\sin(\angle B)} = \frac{c}{\sin(\angle C)} = 2R.$$

余弦法則 △ABC において，
$$a^2 = b^2 + c^2 - 2bc\cos(\angle A), \qquad \cos(\angle A) = \frac{b^2 + c^2 - a^2}{2bc}.$$

三角比の間には，覚えきれないほどの関係式が知られているが，ここでは深入りしない．本書では，三角形の定理として，正弦法則と余弦法則のみを取り上げる．

例 題

例題 1 (JJMO/2008)　1 辺の長さが 1 の正方形 $ABCD$ がある．辺 AD を直径とする円周を O とし，辺 AB 上の点 E を，直線 CE が O の接線となるようにとる．このとき，△BCE の面積を求めよ．

解答　辺 AD の中点 (円周 O の中心) を M とおき，O と CE との接点を N とおく (下左図を参照)．

$|MD| = |MN|$, $(\angle MDC) = (\angle MNC) = 90°$ で辺 CM が共通であるから，△MDC ≡ △MNC である．同様にして，△MNE ≡ △MAE もわかる．

ここで $|AE| = t$ とおくと，

$$|EC| = |EN| + |NC| = |EA| + |DC| = 1 + t,$$
$$|BE| = |BA| - |AE| = 1 - t$$

であるから，直角三角形 BCE にピタゴラスの定理を用いると，

$$(1+t)^2 = (1-t)^2 + 1^2$$

が成り立つ．これを解いて，$t = \dfrac{1}{4}$ を得る．

よって，$|BE| = 1 - \dfrac{1}{4} = \dfrac{3}{4}$ だから，$[\triangle BCE] = \dfrac{1}{2} \cdot 1 \cdot \dfrac{3}{4} = \dfrac{3}{8}$.

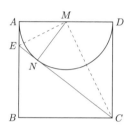

例題 1 の図

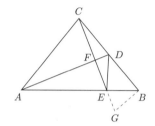

例題 2 の図

例題 2 (CHINA/1999)　$\triangle ABC$ は，$(\angle ACB) = 90°$ なる直角二等辺三角形である．D を辺 BC の中点とし，C から AD に下ろした垂線の足を F，直線 CF と AB の交点を E とする．$(\angle CDF) = (\angle BDE)$ であることを証明せよ．

解答　点 B における直線 BC の垂線と直線 CE との交点を G とする．
$|AC| = |CB|$, $(\angle CAD) = 90° - (\angle ACF) = (\angle BCG)$ だから，

$$\triangle ACD \equiv \triangle CBG \quad \text{(S.A.)}.$$

よって，$(\angle CDF) = (\angle BGC) = (\angle BGE)$.
さらに，$|BD| = |CD| = |BG|$, $(\angle DBE) = (\angle GBE) = 45°$ だから，

$$\triangle BGE \equiv \triangle BDE \quad \text{(S.A.S.)}.$$

したがって，$(\angle CDF) = (\angle BGE) = (\angle BDE)$.

例題 3 (CHINA/1992,1993)　△ABD, △BEC はいずれも正三角形で, 3点 A, B, C はこの順に同一直線上にある. M, N は, それぞれ, 線分 AE, CD の中点で, AE と BD の交点を G, CD と BE の交点を H とする. 次を証明せよ:
(1)　△MBN は正三角形である.
(2)　GH // AC.

解答　(1)　$|AB| = |BD|$, $|BE| = |BC|$, $(\angle ABE) = (\angle DBC) = 120°$ だから,

$$\triangle ABE \equiv \triangle DBC \quad (S.A.S.).$$

よって,

$$(\angle MAB) = (\angle NDB), \quad |MA| = |ND|.$$

これより, △MAB ≡ △NDB (S.A.S.) が得られるから,

$$|MB| = |NB|, \quad (\angle ABM) = (\angle DBN).$$
$$(\angle MBN) = (\angle MBD) + (\angle ABM) = (\angle ABD) = 60°.$$

以上より, △MBN は正三角形である.

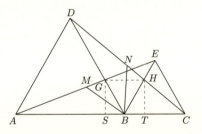

(2)　G, H から直線 AC に垂線を下ろし, その足を, それぞれ, S, T とする.

$$(\angle GBA) = (\angle ECA) = (\angle HBC) = (\angle DAC) = 60°$$

だから,

$$GB \text{ // } CE, \quad HB \text{ // } AD.$$

よって,

$$|BG| = \frac{|AB|}{|AC|} \cdot |CE|, \qquad |HB| = \frac{|BC|}{|AC|} \cdot |AD|.$$

よって,

$$|GB| = |HB|.$$

$(\angle GBS) = (\angle HBT) = 60°$ であるから,$\triangle GBS \equiv \triangle HBT$ (S.A.).
したがって,$|GS| = |HT|$.すなわち,$GH \,/\!/\, AC$.

例題 4 (ROMANIAN MC/TST/2003 改題) □$ABCD$ において,M を
辺 CD の中点とする.$[\triangle ABM]$ は $[\triangle ABC]$ と $[\triangle ABD]$ の相加平均
であることを示せ.

解答 C, M, D から直線 AB に下ろした垂線の足を,それぞれ,C', M', D'
とすると,$CC' \,/\!/\, MM' \,/\!/\, DD'$ だから,□$CC'D'D$ は台形で,M が辺 CD の中
点だから,線分 MM' はこの台形の中央線である.台形の中点連結定理より,

$$|MM'| = \frac{1}{2}(|CC'| + |DD'|).$$

したがって,次を得る:

$$\begin{aligned}
[\triangle ABM] &= \frac{1}{2}|AB| \cdot |MM'| = \frac{1}{2}|AB| \cdot \frac{1}{2}(|CC'| + |DD'|) \\
&= \frac{1}{2}\left(\frac{1}{2}|AB| \cdot |CC'| + \frac{1}{2}|AB| \cdot |DD'|\right) \\
&= \frac{1}{2}\left([\triangle ABC] + [\triangle ABD]\right).
\end{aligned}$$

例題 5 (MOSCOW/1995) □$ABCD$ は凸である.その内部に点 O があ
り,次の条件をみたしている:

$$(\angle AOB) = (\angle COD) = 120°, \quad |AO| = |BO|, \quad |CO| = |DO|.$$

辺 AB, BC, CD の中点を,それぞれ,K, L, M とするとき,$\triangle KLM$
は正三角形であることを証明せよ.

解答 $|KL| = |ML|$, $(\angle KLM) = 60°$ を証明すれば十分である.

OB, OC の中点を，それぞれ，P, Q とする．$\triangle BAO$, $\triangle BCO$ に中点連結定理を適用して，次を得る：

$$|KP| = \frac{1}{2}|OA| = \frac{1}{2}|OB| = |QL|,$$

$$|PL| = \frac{1}{2}|OC| = \frac{1}{2}|OD| = |QM|,$$

$$PK \mathbin{/\mkern-5mu/} OA, \quad PL \mathbin{/\mkern-5mu/} OC, \quad QL \mathbin{/\mkern-5mu/} OB, \quad QM \mathbin{/\mkern-5mu/} OD,$$

$$(\angle KPL) = (\angle AOC) = 120° + (\angle BOC) = (\angle BOD) = (\angle LQM).$$

したがって，$\triangle KPL \equiv \triangle LQM$ (S.A.S.)．よって，$|KL| = |ML|$.
一方，次が成り立つ：

$$(\angle KLM) = (\angle KLP) + (\angle PLQ) + (\angle QLM)$$
$$= (\angle QML) + (\angle LQC) + (\angle QLM)$$
$$= 180° - (\angle CQM) = 180° - 120° = 60°.$$

よって，$\triangle KLM$ は正三角形である．

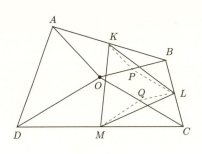

例題 5 の図

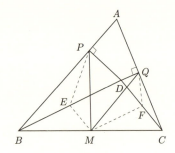

例題 6 の図

例題 6 (CHNMO/TST/1995) $\triangle ABC$ は鋭角三角形で，P, Q は，それぞれ，辺 AB, AC 上の点である．D は $\triangle ABC$ の内部の点で，次をみたす：

$$PD \perp AB, \quad QD \perp AC.$$

辺 BC の中点を M とするとき，次が成り立つことを証明せよ：

$$|PM| = |QM| \iff (\angle BDP) = (\angle CDQ).$$

解答　($\Longleftarrow$ の証明)　$(\angle BDP) = (\angle CDQ)$ であるとする.　E, F を, それぞれ, 線分 BD, CD の中点とする.　中点連結定理より, 次を得る：

$$|EP| = \frac{1}{2}|BD| = |MF|, \qquad |ME| = \frac{1}{2}|CD| = |FQ|,$$

$$DF \mathbin{/\!/} EM, \qquad DE \mathbin{/\!/} FM.$$

また, $(\angle BDP) = (\angle CDQ)$ であるから, $(\angle PBD) = (\angle QCD)$.
したがって, $(\angle PED) = 2(\angle PBD) = 2(\angle DCQ) = (\angle DFQ)$.
また, $\square DEMF$ は平行四辺形であるから, 次が成り立つ：

$$(\angle DEM) = (\angle DFM). \qquad \text{よって,} \quad (\angle PEM) = (\angle MFQ).$$

したがって, $\triangle PEM \equiv \triangle MFQ$ (S.A.S.) だから, $|PM| = |QM|$.

($\Longrightarrow$ の証明)　$|PM| = |QM|$ と仮定すると, $\triangle PEM \equiv \triangle MFQ$ (S.S.S.) である.

したがって,

$$(\angle PEM) = (\angle MFQ), \qquad (\angle DEM) = (\angle MFD).$$

したがって,

$$(\angle PED) = (\angle DFQ), \quad \text{i.e.} \quad (\angle PBE) = (\angle DCQ).$$

よって,

$$(\angle BDP) = 90^\circ - (\angle PBD) = 90^\circ - (\angle DCQ) = (\angle CDQ).$$

例題 7 (**ターレスの定理**)　$\triangle ABC$ において, 直線 AB, AC 上に, それぞれ, 点 D, E をとるとき, 次を証明せよ：

$$BC \mathbin{/\!/} DE \quad \Longleftrightarrow \quad |AD| : |DB| = |AE| : |EC|.$$

解答　($\Longrightarrow$ の証明)　$BC \mathbin{/\!/} DE$ だから, 同位角の性質より, $(\angle ABC) = (\angle ADE)$, $(\angle ACB) = (\angle AED)$ で $\angle A$ は共通だから, $\triangle ABC \sim \triangle ADE$ である.
よって, $|AB| : |AD| = |AC| : |AE|$.　線分の比例に関する基本性質 (3) より,

$$\frac{|AB|}{|AD|} = \frac{|AB| - |AD|}{|AD|} = \frac{|DB|}{|AD|} = \frac{|AC|}{|AE|} = \frac{|AC| - |AE|}{|AE|} = \frac{|EC|}{|AE|}.$$

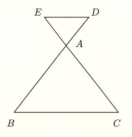
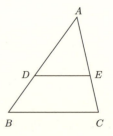

($\Longleftarrow$ の証明) D から BC に平行線をひき，AC との交点を E' とする．

前半の証明より，$|AD|:|DB| = |AE'|:|E'C|$．

仮定より，$|AD|:|DB| = |AE|:|EC|$ だから，E と E' は線分 AC を同じ比に内分するから，一致する．よって，$DE \parallel BC$．

例題 8 (頂角の 2 等分線定理) $\triangle ABC$ の辺 BC 上の点 P について，

$$AP \text{ が } \angle A \text{ を } 2 \text{ 等分する} \Longleftrightarrow |AB|:|AC| = |BP|:|PC|.$$

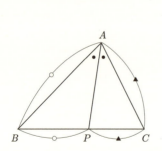
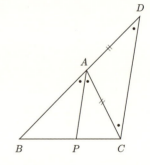

解答 ($\Longrightarrow$ の証明) C を通って AP に平行な直線を引き，直線 BA との交点を D とすると，上のターレスの定理より，

$$|BA|:|AD| = |BP|:|PC|. \qquad ①$$

平行線の性質から，$(\angle BAP) = (\angle ADC)$，$(\angle CAP) = (\angle ACD)$．

また，AP は $\angle A$ の 2 等分線だから，$(\angle BAP) = (\angle CAP)$．

よって，

$$(\angle ADC) = (\angle ACD).$$

よって，二等辺三角形の性質より，
$$|AC| = |AD|. \qquad ②$$
②を①に代入して，求める比例式が得られる．

($\Longleftarrow$ の証明) 前半と同様に平行線 CD を引くと，ターレスの定理より，
$$|BA| : |AD| = |BP| : |PC|.$$
仮定より，$|AB| : |AC| = |BP| : |PC|$ だから，$|AC| = |AD|$．
よって，$\triangle ACD$ は二等辺三角形だから，$(\angle ACD) = (\angle ADC)$．
また，$(\angle BAP) = (\angle ADC)$，$(\angle CAP) = (\angle ACD)$ だから，
$$(\angle BAP) = (\angle CAP),$$
つまり，直線 AP は $\angle A$ の2等分線である．

例題 9 (外角の 2 等分線定理) $\triangle ABC$ の辺 BC の延長上の点 Q について，
$$AQ \text{ が } \angle A \text{ の外角を 2 等分する} \Longleftrightarrow |AB| : |AC| = |BQ| : |QC|.$$

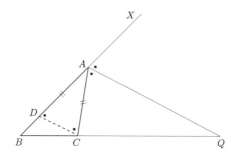

解答 ($\Longrightarrow$ の証明) $(\angle B) < (\angle C)$ の場合に証明すれば十分である．
C を通って AQ に平行な直線を引き，BA との交点を D とすると，
$$(\angle ACD) = (\angle CAQ) = (\angle XAQ) = (\angle ADC)$$
だから，$\triangle ACD$ は二等辺三角形で，$|AC| = |AD|$．
また，$CD // QA$ だから，$|BQ| : |QC| = |BA| : |AD| = |BA| : |AC|$．

(⟸ の証明) 前半と同様に平行線 CD を引くと,
$$|BQ|:|QC|=|BA|:|AD|.$$
仮定 $|BQ|:|QC|=|AB|:|AC|$ と併せて, $|AC|=|AD|$.
よって, $\triangle ACD$ は二等辺三角形だから, $(\angle ACD)=(\angle ADC)$.
また, $CD /\!/ QA$ より, $(\angle ACD)=(\angle CAQ)$, $(\angle ADC)=(\angle XAQ)$ だから,
$$(\angle CAQ)=(\angle XAQ).$$
つまり, 直線 AQ は $\angle A$ の外角 $\angle CAX$ を 2 等分する.

例題 10 (直角三角形の射影定理) $\triangle ABC$ を, $(\angle ACB)=90°$ なる直角三角形とし, C から対辺 AB に下ろした垂線の足を D とすると, 次が成り立つ:
$$|CD|^2=|AD|\cdot|DB|,\quad |AC|^2=|AD|\cdot|AB|,\quad |BC|^2=|BD|\cdot|BA|.$$

解答 $(\angle ACD)=90°-(\angle A)=(\angle CBD)$ だから, $\triangle ACD \sim \triangle CBD$ である. よって, 次を得る:
$$\frac{|CD|}{|AD|}=\frac{|BD|}{|CD|},\quad \text{i.e.}\quad |CD|^2=|AD|\cdot|BD|.$$
また, $(\angle CAD)=(\angle BAC)$ だから, $\triangle CAD \sim \triangle BAC$. ゆえに,
$$\frac{|AC|}{|AD|}=\frac{|AB|}{|AC|},\quad \text{i.e.}\quad |AC|^2=|AD|\cdot|AB|.$$
3 番目の等式 $|BC|^2=|BD|\cdot|BA|$ の証明は上と同様である.

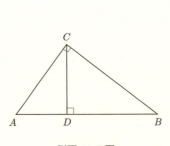

例題 10 の図

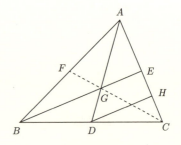

例題 11 の図

例題 11 (三角形の重心)　三角形の 3 つの中線は 1 点で交わる．そして，この交点は，3 つの中線を，それぞれ，2 : 1 に分ける．
3 つの中線の交点を，この三角形の**重心**という．

解答　$\triangle ABC$ において，3 つの中線を AD, BE, CF とする．2 つの中線 AD, BE の交点を G とする．点 D を通り，BE と平行な直線と AC との交点を H とする．中点連結定理より，次を得る：
$$|AE| = |EC| = 2|CH| = 2|HE|.$$
また，$\triangle AGE \sim \triangle ADH$ だから，$\dfrac{|AG|}{|GD|} = \dfrac{|AE|}{|EH|} = 2.$
同様にして，$\dfrac{|BG|}{|GE|} = 2$ を得る．
中線 CF が中線 AD と点 G' で交わるとすると，上の証明と同様にして，$\dfrac{|AG'|}{|G'D|} = 2$ を得るから，$G = G'$ である．よって，3 つの中線は点 G で交わる．

例題 12 (余弦法則)　$\triangle ABC$ において，次が成り立つことを証明せよ：
$$a^2 = b^2 + c^2 - 2bc\cos(\angle A).$$

解答　頂点 B から直線 CA に下ろした垂線の足を D とする．

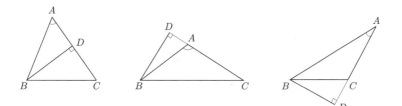

これらの図のいずれの場合にも，
$$|BD| = c\sin(\angle A), \qquad |CD| = |b - c\cos(\angle A)|.$$
よって，ピタゴラスの定理より，

$$a^2 = |BD|^2 + |CD|^2 = (c\sin(\angle A))^2 + (b - c\cos(\angle A))^2.$$

■■■ 第2章　練習問題 (初級) ■■■

1. (JJMO/2014 予選)　2つの正方形 □$ABCD$, □$MCEF$ がある．点 M は辺 DA の中点であり，点 D, F は直線 CM に関して同じ側にある．$|AB| = 1$ のとき，$|BF|$ を求めよ．

2. (JJMO/2012 予選)　□$ABCD$ の辺 DA 上に点 E があり，直線 AB と直線 EC は平行である．$|AB| = 3$, $|BC| = 3$, $|CD| = 5$, $|DE| = 3$, $|EA| = 2$ のとき，$|EC|$ を求めよ．

3. (JJMO/2012 予選)　一辺の長さが 1 の正八角形 $ABCDEFGH$ がある．直線 AD と直線 BF の交点を I とするとき，四角形 $AIGH$ の面積を求めよ．

4. (CHINA/1999)　□$ABCD$ は，1 辺の長さが 8 の正方形で，Q は辺 CD の中点である．$(\angle DAQ) = \alpha$ とする．辺 CD 上に点 P を，$(\angle BAP) = 2\alpha$ となるように選ぶ．$|AP| = 10$ のとき，$|CP|$ を求めよ．

5. (NORTH EUROPE MC/2003)　$\triangle ABC$ は正三角形で，D はその内点であり，$(\angle ADC) = 150°$ をみたす．3 つの線分 AD, BD, CD を用いて三角形をつくると，それは直角三角形となることを証明せよ．

6. (AIME/2011)　$\triangle ABC$ において，$|AB| = 125$, $|AC| = 117$, $|BC| = 120$ である．$\angle A$ の 2 等分線は辺 BC と点 L で交わり，$\angle B$ の 2 等分線と辺 AC と点 K で交わる．頂点 C から直線 BK, AL に下ろした垂線の足を，それぞれ，M, N とする．線分 MN の長さ $|MN|$ を求めよ．

7. (ROMANIAN MC/TST(Grade 7)/2005)　□$ABCD$ は平行四辺形で，$\angle ADC$ の 2 等分線と直線 BC との交点を E，辺 AD の垂直 2 等分線と直線 DE との交点を M とする．2 直線 AM, BC の交点を F とするとき，次の (a), (b) を証明せよ：

(a)　$|DE| = |AF|$,　　　(b)　$|AD| \cdot |AB| = |DE| \cdot |DM|$.

8. (JJMO/2009 予選)　下図において，△OAB, △OBC, △OCD は，それぞれ，∠OAB, ∠OBC, ∠OCD を直角とする直角二等辺三角形である．
　△OCD の面積が 12 のとき，△OAB の面積を求めよ．

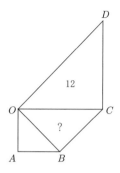

9. (JJMO/2013 予選)　△ABC は，(∠BAC) = 90° なる二等辺三角形である．辺 BC 上に点 D，辺 CA 上に点 E があり，(∠ADE) = 45° となっている．
　$|BD|:|DC| = 1:5$ のとき，$|AE|:|EC|$ を求めよ．

10. (AIME/2013)　一辺の長さが 12 の正三角形 △ABC の紙がある．この紙三角形を頂点 A が辺 BC 上で B からの距離が 9 の点に来るように折りたたむ．折りたたんだ線の長さを求めよ．

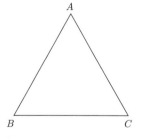
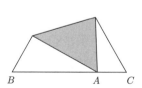

11. (ROMANIAN MC/TST(Grade 7)/2005)　△ABC において，辺 AB の中点を M とし，∠ABC の 2 等分線と辺 AC との交点を D とする．
　$MD \perp BD$ ならば，$|AB| = 3|BD|$ が成り立つことを証明せよ．

12. (JMO/2004 予選)　△ABC の辺 BC 上に点 D があり，

$$|AB| = |AD| = 2, \quad |BD| = 1, \quad (\angle BAD) = (\angle CAD)$$

である．線分 CD の長さを求めよ．

13. (AMC/2001)　□$ABCD$ は長方形で，辺 CD の中点を E とし，辺 AB 上に点 F, G を $|AF| = |FG| = |GB|$ をみたすようにとる．線分 AC と線分 EF の交点を H とし，線分 AC と線分 EG との交点を I とする．□$ABCD$ の面積が 70 のとき，△EHI の面積を求めよ．

14.　□$ABCD$ は $AB \parallel DC$ なる台形で，$|AB| \neq |DC|$ とする．辺 AB, CD の中点を，それぞれ，M, N とし，2直線 AC, BD の交点を P とするとき，3点 P, M, N は同一直線上にあることを証明せよ．

■■■　第2章　練習問題 (中級)　■■■

1. (CHINA/1996)　平面上の直線 ℓ 上に線分 BD が与えられている．ℓ の片側に1点 C を選び，△CBD の外側に BC を1辺とする正方形 $ABCK$ と CD を1辺とする正方形 $CDEF$ をつくるとき，線分 AE の中点 M の位置は，点 C の選択に依らないことを証明せよ．

2. (CHINA/1998)　△ABC は $(\angle C) = 90°$ なる直角三角形である．C から辺 AB に下ろした垂線の足を D とし，$\angle A$ の2等分線と CD, CB との交点を，それぞれ，E, F とする．点 E を通り，AB と平行な直線と BC との交点を G とするとき，$|CF| = |BG|$ であることを証明せよ．

3. (CHINA/1994)　△ABC において，$|AC| = 2|AB|$，$(\angle A) = 2(\angle C)$ である．$AB \perp BC$ であることを証明せよ．

4. (CHINA/2000)　□$ABCD$ において，$|AB| = |AD|$，$(\angle BAD) = 60°$，$(\angle BCD) = 120°$ である．$|BC| + |DC| = |AC|$ であることを証明せよ．

5. (JMO/2003 予選)　□$ABCD$ を平行四辺形とする．$\angle BAC$ の2等分線と辺 BC との交点を E とするとき，$|BE| + |BC| = |BD|$ が成立するという．このとき，$\dfrac{|BD|}{|BC|}$ の値を求めよ．

第 2 章 合同と相似 　39

6. (CHINA/1999)　□$ABCD$ において，E, F は，それぞれ，辺 AB, CD の中点であり，$|AD| > |BC|$ である．直線 AD, BC は直線 EF と，それぞれ，H, G で交わる．$(\angle AHE) < (\angle BGE)$ が成り立つことを証明せよ．

7. (CHINA/1997)　□$ABCD$ において，$AD \mathbin{/\!/} BC$ である．$\angle DAB$ の 2 等分線と直線 CD との交点を E とする．BE が $\angle ABC$ の 2 等分線となるとき，$|AB| = |AD| + |BC|$ が成り立つことを証明せよ．

8. (JJMO/2010 予選)　1 辺の長さが 3 の正方形 $ABCD$ がある．辺 AB を $2:1$ に内分する点を P とし，辺 CD を $1:2$, $2:1$ に内分する点をそれぞれ Q, R とし，辺 DA を $1:2$, $2:1$ に内分する点をそれぞれ S, T とする．

直線 PR と直線 QT の交点を U とし，直線 SU と直線 BC の交点を V とするとき，線分 BV の長さを求めよ．

9. (APMO/1993)　□$ABCD$ において，$|AB| = |BC| = |CD| = |DA|$ で，$(\angle ABC) = 60°$ である．ℓ は D を通る直線で，(D 以外では) この四辺形とは交わらない．直線 AB, BC と ℓ との交点を，それぞれ，E, F とする．さらに，直線 CE と AF の交点を M とする．次が成り立つことを証明せよ：

$$|CA|^2 = |CM| \cdot |CE|.$$

10. (AMC/2013)　$\triangle ABC$ において，辺 AC の中点を M とし，$\angle ACB$ の 2 等分線と辺 AB との交点を N とする．中線 BM と角の 2 等分線 CN の交点を X とする．$\triangle BXN$ が正三角形で，$|AC| = 2$ であるとき，線分 BN について，$|BN|^2$ を求めよ．

11. (ROMANIAN MO/TST(Grade 7)/2003)　$\triangle ABC$ において，辺 BC の中点を P とする．M は辺 AB の内点，N は辺 AC の内点で，$MN \mathbin{/\!/} BC$ をみたす．MP と BN の交点を Q とする．Q から直線 AC に下ろした垂線の足を R とし，この垂線 QR と点 B を通り直線 AC に平行な直線との交点を T とする．次を証明せよ：

(a)　$TP \mathbin{/\!/} MR$, 　　(b)　$(\angle MRQ) = (\angle PRQ)$.

12. (ROMANIAN MC/Regional MC(Grade 11)/2004)　□$ABCD$ は平行四辺形で，$|AB| \neq |AD|$ である．点 B から対角線 AC に下ろした垂線の足を E と

し，E を通り直線 BD に垂直な直線と直線 BC, BA との交点を，それぞれ，F, G とする．このとき，次を証明せよ：

$$|EF| = |EG| \iff \Box ABCD \text{ が長方形．}$$

13. (CHINA/1998) $\Box ABCD$ において，直線 AC と直線 BD の交点を O とする．直線 ℓ を，直線 BD と平行でかつ $\Box ABCD$ とは共通点をもたないように選ぶ．ℓ と直線 AB, DC, BC, AD, AC との交点を，それぞれ，M, N, R, S, P とするとき，次が成り立つことを証明せよ：

$$|PM| \cdot |PN| = |PR| \cdot |PS|.$$

14. (ROMANIAN MO/TST(grade 7)/2004) $\triangle ABC$ は，$|AB| = |AC|$, $(\angle BAC) = 90°$ なる直角二等辺三角形である．辺 AB 上に 2 点 M, P があり，$|AM| = |BP|$ をみたす．D を辺 BC の中点とし，点 A から直線 CM に下ろした垂線の足を R とし，その直線 AR と直線 BC との交点を Q とする．次が成り立つことを証明せよ．

(a) $(\angle AQC) = (\angle PQB)$,   (b) $(\angle DQR) = 45°$.

■■■ 第2章　練習問題（上級）■■■

1. (JJMO/2011 予選) $\triangle ABC$ の辺 AB 上に点 D, 辺 AC 上に点 E を，直線 DE と直線 BC が平行になるようにとる．線分 BD の中点を M とし，線分 CE の中点を N とする．$\Box DMNE$ の面積が 1, $\Box MBCN$ の面積が 2 であるとき，$\triangle ADE$ の面積を求めよ．

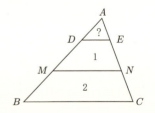

2. (JJMO/2012 予選) 円周 X は $\Box PQRS$ に内接している．また，$\Box PQRS$ の辺を延長した直線のうち 3 本と接するような円周 A, B, C, D を次図のようにとる．円周 A, B, C, X の半径は，それぞれ，2, 1, 4, 3 である．

このとき，円周 D の半径を求めよ．

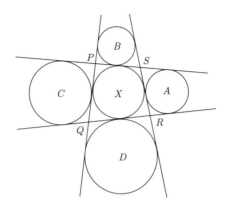

3. (頂角の2等分線の長さ) △ABC において，$|BC| = a$, $|CA| = b$, $|AB| = c$ とする．頂角 ∠A の2等分線と辺 BC の交点を D とするとき，線分 AD の長さを a, b, c を用いて表せ．

4. (APMO/2006) 円周 Γ 上に異なる2点 A, B をとり，線分 AB の中点を P とする．線分 AB と P で接し，かつ円周 Γ とも接するような円周のうちの1つを ω とする．点 A から円周 ω へ，直線 AB とは異なる接線を引き，その直線を m とする．直線 m と円周 Γ との交点のうち，A とは異なるものを点 C とする．線分 BC の中点を Q とする．線分 BC と Q で接し，かつ線分 AC とも接するような円周を Σ とする．このとき，円周 Γ と円周 Σ が接することを示せ．

5. (IMO/2003) □ABCD は円周に内接している．点 D から直線 BC, CA, AB に下ろした垂線の足を，それぞれ，P, Q, R とする．次を証明せよ．

$|PQ| = |QR| \iff$ ∠ABC の2等分線と ∠ADC の2等分線が AC 上で交わる．

6. (CHINA/1999) △ABC において，$|BC| = a$, $|CA| = b$, $|AB| = c$ とし，P を △ABC の内部の点とする．図のように，P を通り直線 AB と平行な直線と辺 BC, CA との交点を，それぞれ，D, G とする．同様に，P を通り CA と平行な直線と辺 BC, AB との交点を，それぞれ，E, H とし，P を通り BC と平行な直線と辺 CA, AB との交わりを，それぞれ，F, I とする．$|DE| = a'$, $|FG| = b'$, $|HI| = c'$ とするとき，$\dfrac{a'}{a} + \dfrac{b'}{b} + \dfrac{c'}{c}$ の値を求めよ．

7. (アポロニウスの円)　2定点 A, B からの距離の比が，一定 $m:n$ であるような点 P の軌跡を求めよ．ただし，$m>0, n>0, m \neq n$ とする．

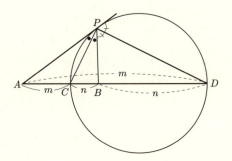

第3章　図形の面積

三角形の面積に関する基本公式

定理1　$\triangle ABC$ について，A から BC に下ろした垂線の長さをを h_a，B から CA に下ろした垂線の長さを h_b，C から AB に下ろした垂線の長さを h_c とすると，

$$
\begin{aligned}
[\triangle ABC] &= \frac{1}{2}a \cdot h_a = \frac{1}{2}ab\sin(\angle C) = \frac{1}{2}ac\sin(\angle B) \\
&= \frac{1}{2}b \cdot h_b = \frac{1}{2}bc\sin(\angle A) = \frac{1}{2}ba\sin(\angle C) \\
&= \frac{1}{2}c \cdot h_c = \frac{1}{2}ca\sin(\angle B) = \frac{1}{2}cb\sin(\angle A).
\end{aligned}
$$

定理2 (ヘロンの公式)　$\triangle ABC$ について，$s = \dfrac{a+b+c}{2}$ とおくと，

$$
[\triangle ABC] = \sqrt{s(s-a)(s-b)(s-c)}.
$$

　注　上の定理 1, 2 より，$\triangle ABC$ の高さ h_a, h_b, h_c は，辺の長さ a, b, c で表すことができる．

三角形の面積の比較

(1)　2つの三角形 $\triangle ABC$，$\triangle A'B'C'$ の面積の比は，定理1より，

$$
[\triangle ABC] : [\triangle A'B'C'] = a \cdot h_a : a' \cdot h_{a'}.
$$

(2)　したがって，$a = a'$ ならば，$[\triangle ABC] : [\triangle A'B'C'] = h_a : h_{a'}$.

$$
h_a = h_{a'} \quad \text{ならば，} \quad [\triangle ABC] : [\triangle A'B'C'] = a : a'.
$$

(3) $\triangle ABC$, $\triangle A'B'C'$ において,

$(\angle A) = (\angle A')$ ならば, $[\triangle ABC] : [\triangle A'B'C'] = bc : b'c'$.

$(\angle A) + (\angle A') = 180°$ ならば, $[\triangle ABC] : [\triangle A'B'C'] = bc : b'c'$.

上で述べた性質は, 実際には次のような場面で使われることが多い.
$\ell \mathbin{/\mkern-5mu/} \ell'$ のとき,

$$[\triangle ABC] = [\triangle DBC], \quad [\triangle ABE] = [\triangle DCE].$$

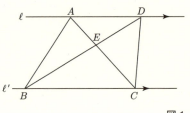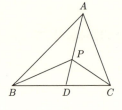

図 1

上右図で, $[\triangle ABD] : [\triangle ACD] = [\triangle ABP] : [\triangle ACP] = |BD| : |CD|$.

この章では 2 つのタイプの問題が議論される. 一つは, 面積を求めたり面積に関わる問題であり, もう一つは, 面積を考察することによって解決する問題である.

例 題

> **例題 1** (BIMC/2013) 凸五角形 $ABCDE$ において,
>
> $$(\angle ABC) = (\angle DEA) = 90°, \quad |AB| = |BC|, \quad |DE| = |EA|$$
>
> であり, $|BE| = 100\,(\mathrm{cm})$ である. 五角形 $ABCDE$ の面積を求めよ.

解答 B を通って BE に垂直な直線と直線 CD との交点を H, E を通って BE に垂直な直線と直線 CD との交点を K とする. 点 P を, 線分 BE 上に, $|BP| = |BH|$ となるようにとる. このとき,

$$|BA| = |BC|, \quad |BP| = |BH|, \quad (\angle ABP) = 90° - (\angle CBE) = (\angle CBH)$$

第 3 章　図形の面積　　45

より，$\triangle ABP \equiv \triangle CBH$. よって，$(\angle BPA) = (\angle BHC)$.
　また，$BH \,/\!/\, EK$ だから，

$$(\angle DKE) = 180^\circ - (\angle BHC) = 180^\circ - (\angle BPA) = (\angle APE).$$

これと，$(\angle DEK) = 90^\circ - (\angle BED) = (\angle AEP)$，$|ED| = |EA|$ より，

$$\triangle DEK \equiv \triangle AEP.$$

よって，$|EK| = |EP|$ だから，$|BH| + |EK| = |BP| + |EP| = |BE| = 100$.
　いま，

$$\triangle ABP \equiv \triangle CBH, \qquad \triangle AEP \equiv \triangle DEK$$

だから，五角形 $ABCDE$ の面積は台形 $BHKE$ の面積と等しい．よって，

$$[ABCDE] = [\square BHKE] = \frac{1}{2}|BE|(|BH| + |EK|)$$
$$= \frac{1}{2} \times 100^2 = 5000\,(\mathrm{cm}^2).$$

例題 2 (SMO/1988)　$\triangle ABC$ の辺 AB, BC, CA 上に，それぞれ，点 D, E, F が与えられている．

$$[\triangle ABC] = 10, \quad |AD| = 2, \quad |BD| = 3, \quad [\triangle ABE] = [\square DBEF]$$

である．$[\triangle ABE]$ を求めよ．

解答　$[\triangle ABE] = [\square DBEF]$ だから，次を得る：

$$[\triangle ADE] = [\triangle ABE] - [\triangle DBE] = [\square DBEF] - [\triangle DBE] = [\triangle FDE].$$

　よって，$AC \,/\!/\, DE$. よって，$|CE| : |EB| = |AD| : |DB| = 2 : 3$.

$$\frac{[\triangle ABE]}{[\triangle ABC]} = \frac{|BE|}{|BC|} = \frac{3}{5}$$

だから，$[\triangle ABE] = \dfrac{3}{5} \cdot [\triangle ABC] = \dfrac{3}{5} \cdot 10 = 6$.

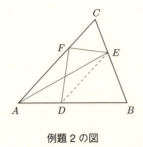
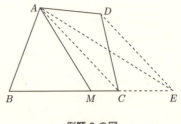

例題 2 の図　　　　　　　例題 3 の図

> **例題 3**　上右図において，□$ABCD$ は凸四角形で，$[\triangle ABC] \geq [\triangle ACD]$ をみたす．辺 BC 上の点 M を，次の条件をみたすように定めよ：
>
> 　線分 AM は □$ABCD$ を面積が相等しくなるように 2 分割する．

解答　D を通り AC と平行な直線と直線 BC との交点を E とすると，

$$[\triangle ACD] = [\triangle ACE].$$

よって，

$$[\square ABCD] = [\triangle ABE].$$

そこで，点 M を $\triangle ABE$ の辺 BE の中点とするとよい．実際，

$$[\triangle ABM] = [\triangle AEM] = \frac{1}{2}[\triangle ABE] = \frac{1}{2}[\square ABCD] = [\square AMCD]$$

が成り立ち，条件 $[\triangle ABC] \geq [\triangle ACD]$ より

$$[\triangle ABM] = \frac{1}{2}[\square ABCD] = \frac{1}{2}\left([\triangle ABC] + [\triangle ADC]\right) \leq [\triangle ABC]$$

だから，M は確かに辺 BC 上にある．

> **例題 4** (JJMO/2013 予選)　下左図のように，長方形 □$ABCD$ と辺 AB 上の点 P，辺 CD 上の点 R があり，次が成り立っている：
>
> 　$|AP| = 2$, $|PB| = 1$, $|BC| = 4$, $|CR| = 2$, $|RD| = 1$, $|DA| = 4$.
>
> 　直線 BR と直線 CP の交点を Q とし，直線 AR と直線 DP の交点を S

第 3 章　図形の面積　47

とするとき，□$PQRS$ の面積を求めよ．

解答　$AB /\!/ CD$ より，$|PS|:|DS| = |AP|:|RD| = 2:1$ である．
同様に，$|PQ|:|CQ| = |BP|:|CR| = 1:2$．

高さが等しい三角形の面積の比は，底辺の長さの比に等しいことより，

$$[\triangle PQS] = \frac{1}{3}[\triangle PCS] = \frac{1}{3} \cdot \frac{2}{3}[\triangle PCD].$$

ところで，$[\triangle PCD] = \frac{1}{2} \times 3 \times 4 = 6$ なので，$[\triangle PQS] = \frac{1}{3} \times \frac{2}{3} \times 6 = \frac{4}{3}$ である．

同様に，$[\triangle RSQ] = \frac{4}{3}$ も成り立つので，これらを合わせて，$[\square PQRS] = \frac{8}{3}$．

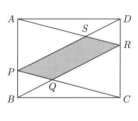
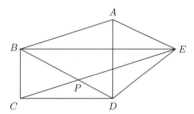

例題 4 の図　　　　　　　例題 5 の図

例題 5 (USAMO/1972)　凸五角形 $ABCDE$ は次の性質をもつ：5 個の三角形

$$\triangle ABC,\ \triangle BCD,\ \triangle CDE,\ \triangle DEA,\ \triangle EAB$$

の面積はすべて 1 である．
このような五角形の面積はすべて等しく，このような五角形は無限に存在することを証明せよ．

解答　上右図に示すように，等式 $[\triangle EAB] = [\triangle CAB]$ より，$EC /\!/ AB$ が導かれる．同様にして，次もわかる：

$$AD /\!/ BC,\quad BE /\!/ CD,\quad AC /\!/ DE,\quad BD /\!/ AE.$$

BD と CE の交点を P とし，$[\triangle BPC] = x$ とおくと，$[\triangle DPC] = 1 - x$ である．

$$\frac{[\triangle BPC]}{[\triangle DPC]} = \frac{|BP|}{|PD|} = \frac{[\triangle EBP]}{[\triangle EPD]}$$

より，$\dfrac{x}{1-x} = \dfrac{1}{x}$．

これより，$x^2 + x - 1 = 0$．これの $x > 0$ なる解を求めると，$x = \dfrac{\sqrt{5}-1}{2}$．

したがって，$[ABCDE] = 3 + x = \dfrac{5+\sqrt{5}}{2}$．

この一定の面積をもつ凸五角形は，例えば，辺 CD を固定し，$\triangle ABE$ の辺 BE を直線 BE 上を滑らせることによって，無限に得られる．

例題6 凸四角形 $\square ABCD$ において．E, F は辺 AB 上の点，G, H は辺 CD 上の点で，$|AE| = |EF| = |FB|$，$|CG| = |GH| = |HD|$ をみたす．次を証明せよ：

$$[\square EFGH] = \frac{1}{3}[\square ABCD].$$

解答 底辺が共通で高さが等しい三角形の面積は相等しいことから，

$$[\triangle HEF] = [\triangle HEA], \qquad [\triangle FGH] = [\triangle FGC]$$

であるから，$[\square EFGH] = \dfrac{1}{2}[\square HAFC]$．

一方，$|DH| = \dfrac{1}{3}|CD|$，$|FB| = \dfrac{1}{3}|AB|$ であるから，

$$[\triangle ADH] + [\triangle CFB] = \frac{1}{3}([\triangle DAC] + [\triangle BAC]) = \frac{1}{3}[\square ABCD].$$

よって，

$$[\square HAFC] = [\square ABCD] - ([\triangle ADH] + [\triangle CFB]) = \frac{2}{3}[ABCD].$$

よって，

$$[\square EFGH] = \frac{1}{2}[\square HAFC] = \frac{1}{2} \cdot \frac{2}{3}[\square ABCD] = \frac{1}{3}[\square ABCD].$$

例題 7 (AIME/1985)　図に示すように，$\triangle ABC$ は，共通の内点 P を通る 3 本の線分 AD, BE, CF によって，6 個の三角形に分割されている．そのうちの 4 個の三角形の面積は図中に数字で示されている．$\triangle ABC$ の面積を求めよ．

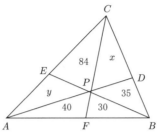

解答　$\dfrac{[\triangle CAP]}{[\triangle FAP]} = \dfrac{|CP|}{|FP|} = \dfrac{[\triangle CBP]}{[\triangle FBP]}$ だから，

$$\frac{84+y}{40} = \frac{x+35}{30}. \tag{1}$$

$\dfrac{[\triangle CAP]}{[\triangle CDP]} = \dfrac{|AP|}{|DP|} = \dfrac{[\triangle BAP]}{[\triangle BDP]}$ だから，

$$\frac{84+y}{x} = \frac{70}{35} = 2. \tag{2}$$

(2) を (1) に代入して，$\dfrac{2x}{40} = \dfrac{x+35}{30}$.

よって，$x = 70$．したがって，(2) より，$y = 140 - 84 = 56$．
したがって，$[\triangle ABC] = 84 + 56 + 40 + 30 + 35 + 70 = 315$．

例題 8 (AUSTRALIAN MO/1991)　$\triangle ABC$ において，M を辺 BC の中点とする．P, R を，それぞれ，辺 AB, AC 上の点とし，AM と PR の交点を Q とする．Q が線分 PR の中点ならば，$PR /\!/ BC$ であることを証明せよ．

解答　Q, M が，それぞれ，線分 PR, BC の中点であることから，

$$[\triangle APQ] = [\triangle ARQ], \qquad [\triangle ABM] = [\triangle ACM].$$

よって，$\dfrac{[\triangle APQ]}{[\triangle ABM]} = \dfrac{[\triangle ARQ]}{[\triangle ACM]}$．
ゆえに，
$$\dfrac{|AP|\cdot|AQ|}{|AB|\cdot|AM|} = \dfrac{|AQ|\cdot|AR|}{|AM|\cdot|AC|} \quad \text{i.e.} \quad \dfrac{|AP|}{|AB|} = \dfrac{|AR|}{|AC|}.$$
よって，$PR \parallel BC$．

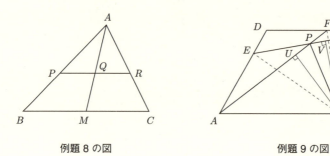

例題8の図　　　　　　例題9の図

例題9 (CHINA/1992)　上右図において，$ABCD$ は平行四辺形である．E, F は，それぞれ，辺 AD, CD 上の点で，$|AF| = |CE|$ をみたす．AF と CE の交点を P とすると，PB は $\angle APC$ を2等分することを証明せよ．

解答　点 B から AF, CE に下ろした垂線の足を，それぞれ，U, V とする．仮定から，
$$[\triangle BAF] = \dfrac{1}{2}[\square ABCD] = [\triangle BCE].$$
さらに，$|AF| = |CE|$ より，$|BU| = |BV|$ であるから，$\triangle BPU \equiv \triangle BPV$．したがって，$(\angle BPA) = (\angle BPU) = (\angle BPV) = (\angle BPC)$．

第3章　練習問題(初級)

1. (JJMO/2005)　面積6の $\triangle OAB$ において，辺 OA, OB の中点を，それぞれ，P, Q とする．PB と QA の交点を G とするとき，$\square OPGQ$ の面積を求めよ．

2. (JJMO/2004)　$|BC| = 3, |CA| = 2, |AB| = 4$ であるような $\triangle ABC$ がある．辺 AB 上に2点 D, E をとり，$|AD| = 1, (\angle ACD) = (\angle BCE)$ となるよう

にする．線分 BE の長さを求めよ．

3. (TAIMC/2012)　$\triangle ABC$ は正三角形で，その面積は $8+4\sqrt{3}$ である．M を辺 BC の中点とし，$\angle MAB$ の 2 等分線が BM と交わる点を N とする．このとき，$\triangle ABN$ の面積を求めよ．

4. (BIMC/2013)　$\square ABCD$ は長方形で，辺 BC 上に点 P，辺 CD 上に点 Q があり，$\triangle APQ$ は $(\angle APQ)=90°$ の直角二等辺三角形である．$|BP|=1\mathrm{(cm)}$ かつ $(\angle APB)=60°$ のとき，$\triangle ADQ$ の面積を求めよ．

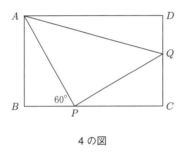
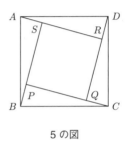

4 の図　　　　　　　　　　5 の図

5. (BIMC/2013)　上右図において，$\square ABCD$ は正方形であり，
$$(\angle PCB)=(\angle QDC)=(\angle RAD)=(\angle SBA)$$
が成り立っている．$\square ABCD$ の面積が $\square PQRS$ の面積の 2 倍であるとき，$\angle PCB$ の大きさを求めよ．

6. (JJMO/2007)　$\triangle ABC$ において，辺 BC，CA，AB の中点を，それぞれ，D，E，F とすると，$|AD|=3$，$|BE|=4$，$|CF|=5$ である．$\triangle ABC$ の面積を求めよ．

7. (CHINA/2000)　$\triangle ABC$ の辺 BC，CA，AB 上に，それぞれ，点 D，E，F があり，3 直線 AD，BE，CF は 1 点 G で交わっている．$|BD|=2|CD|$，$S_1=[\triangle GEC]=3$，$S_2=[\triangle GCD]=4$ であるとき，$\triangle ABC$ の面積を求めよ．

8. (AIME/1988)　$\triangle ABC$ の内部に 1 点 P があり，BP と CA，CP と AB，AP と BC の交点を，それぞれ，D，E，F とする．$|PA|=a$，$|PB|=b$，$|PC|=c$，$|PD|=|PE|=|PF|=d$ である．$a+b+c=43$，$d=3$ のとき，積 abc の値

を求めよ.

9. (CHINA/1998) $\triangle ABC$ は, $(\angle A) = 90°$ なる直角二等辺三角形で, $|AB| = 1$ である. E を辺 AC の中点とする. F は辺 BC 上の点で, $EF \perp BE$ をみたす. $\triangle CEF$ の面積を求めよ.

10. (CHINA/1992) 五角形 $ABCDE$ において, 次をみたす:

$$(\angle ABC) = (\angle AED) = 90°, \qquad |AB| = |AE| = |CD| = |BC| + |DE| = 1.$$

五角形 $ABCDE$ の面積を求めよ.

■■■ ┃ 第3章　練習問題 (中級) ┃ ■■■

1. (IMO/Shortlist/1989) 凸四角形 □ $ABCD$ において, 辺 BC, AD の中点を, それぞれ, E, F とする. 次が成り立つことを証明せよ:

$$[\triangle EDA] + [\triangle FBC] = [\square ABCD].$$

2. (JMO/1991) $\triangle ABC$ の重心を G とする. $|GA| = 2\sqrt{3}$, $|GB| = 2\sqrt{2}$, $|GC| = 2$ であるとき, $\triangle ABC$ の面積を求めよ.

3. (AIME/2011) $\triangle ABC$ において, $|AB| = \dfrac{20}{11}|AC|$ である. $\angle A$ の2等分線と辺 BC との交点を D とし, 線分 AD の中点を M とする. さらに, 辺 AC と直線 BM との交点を P とする. このとき, 線分の長さの比 $|CP| : |PA|$ を求めよ.

4. (AIME/1992) $\triangle ABC$ において, A', B', C' を, それぞれ, 辺 BC, CA, AB 上の点とする. 3直線 AA', BB', CC' が点 O で交わり, 次の条件をみたす:

$$\frac{|AO|}{|OA'|} + \frac{|BO|}{|OB'|} + \frac{|CO|}{|OC'|} = 92.$$

このとき, 次の値を求めよ:

$$\frac{|AO|}{|OA'|} \cdot \frac{|BO|}{|OB'|} \cdot \frac{|CO|}{|OC'|}.$$

5. (AIME/1989) $\triangle ABC$ の内部に点 P がある. 直線 AP と辺 BC との交点

第 3 章 図形の面積 53

を D, 直線 BP と辺 CA との交点を E, 直線 CP と辺 AB との交点を F とする. $|AP| = 6$, $|BP| = 9$, $|PD| = 6$, $|PE| = 3$, $|CF| = 20$ のとき, $\triangle ABC$ の面積を求めよ.

6. (CHINA/1992) $\triangle ABC$ は正三角形で, 点 D, E は, それぞれ, 辺 CA, AB 上にあり, BD と CE は点 P で交わり, □$ADPE$ の面積は $\triangle BPC$ の面積と等しい. $\angle BPE$ の大きさを求めよ.

7. (CHINA/1958) $\triangle ABC$ の頂角 $\angle A$, $\angle B$, $\angle C$ の 2 等分線を, それぞれ, AD, BE, CF とする. $a = |BC|$, $b = |CA|$, $c = |AB|$ とするとき, 次の等式が成り立つことを証明せよ:

$$\frac{[\triangle DEF]}{[\triangle ABC]} = \frac{2abc}{(a+b)(b+c)(c+a)}.$$

8. (APMO/2013) $\triangle ABC$ は鋭角三角形で, その外心を O とする. 各頂点から対辺に下ろした垂線の足を AD, BE, CF とする. 線分 OA, OF, OB, OD, OC, OE によって, $\triangle ABC$ は面積が等しい三角形 3 対に分割されることを示せ.

■■■ 第 3 章 練習問題 (上級) ■■■

1. (JMO/1994 予選) $\triangle ABC$ の辺 AB, AC 上の点を, それぞれ, D, E とし, BE, CD の交点を P とする. $[\triangle ADE] = 5$, $[\triangle BPD] = 8$, $[\triangle CEP] = 3$ のとき, $\triangle ABC$ の面積を求めよ.

2. (JMO/1995 本選) 凸五角形 $ABCDE$ において, AC, AD と BE との交点を各々 S, R とし, CA, CE と BD との交点を各々 T, P とする. また, CE と AD の交点を Q とする.

$$[\triangle ASR] = [\triangle BTS] = [\triangle CPT] = [\triangle DQP] = [\triangle ERQ] = 1$$

のとき, 次の問いに答えよ:

(1) 五角形 $PQRST$ の面積を求めよ.
(2) 五角形 $ABCDE$ の面積を求めよ.

3. (NORTH EUROPE MC/1994) 一辺の長さが 1 の正三角形 $\triangle ABC$ の内

部に点 O をとる．直線 AO と辺 BC の交点を A'，直線 BO と辺 CA の交点を B'，直線 CO と辺 AB の交点を C' とする．このとき，$|OA'| + |OB'| + |OC'| \leq 1$ が成り立つことを証明せよ．

4. 正三角形 $\triangle ABC$ の内部に点 P があり，$|AP| = 3$, $|BP| = 4$, $|CP| = 5$ である．このとき，$\triangle ABC$ の面積を求めよ．

5. (JJMO/2009 予選)　すべての辺の長さが 1 の凸五角形があり，ある 2 本の対角線のなす角が $90°$ である．このような五角形の面積としてあり得る最大の値を求めよ．

第4章　三角形の五心

　　円・円周はこれまでにも何度も登場していますが，ここで改めて導入します．円周が加わることで，平面幾何の世界は一気に内容豊かな世界へと変身します．

言葉の導入 (定義)

　まず，言葉の確認から始めます．

　1. 平面上で，1 点 O から一定の距離 r にある点全体からなる図形 Γ を**円周**または**円**という．このとき，点 O を円周 Γ の**中心**，中心と Γ 上の点を結ぶ線分を**半径**という．半径の長さ r のことを単に半径ともいう．

　平面上の点 O を中心とする半径 r の円周 Γ は，平面を**内部**とよばれる有界領域と，**外部**とよばれる非有界領域とに分割する．円周 Γ とこの内部を合わせた図形を (Γ を境界とする)**円盤**といい，O をその**中心**，r をその**半径**という．

　2. 円周上の 2 点で区切られた円周の一部分を**円弧**または単に**弧**という．両端が A, B である弧を弧 AB で表す．弧 AB は 2 つあるが，ほとんどの場合，文脈や図からどちらを指すのかの判定がつく．弧 AB に対し，もう一方の弧を弧 AB の**共役弧**という．

　点 O を中心とする円周 Γ 上の弧 AB に対し，弧 AB を内部に含む角 $\angle AOB$ を，弧 AB に対する**中心角**という．

　3. 点 O を中心とする円周 Γ 上の弧 AB に対し，線分 AB を**弦** AB という．このとき，弧 AB に対する中心角を，弦 AB に対する中心角という．中心 O を通る弦がこの円周 Γ の**直径**であり，直径に対する中心角は $180°$ であり，Γ はその任意の直径に関して対称である．

　4. 点 O を中心とする円周 Γ 上で，弧 AB の共役弧上の点 P について，$\angle APB$

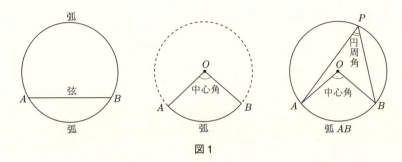

図1

を弧 AB，または，弦 AB に対する**円周角**という．

5. 半径の等しい2つの円周は合同であり，半径が異なる円周は決して合同にはならない．また，合同な2つの弧は**等しい**という．等しい2つの弧は，合同な円周上にある．合同な円周上の2つの弧について，

(1) 等しい弧に対する中心角は等しく，対する中心角が等しいならば弧も等しい．

(2) 対する中心角が大きい弧は，中心角が小さい弧よりも大きい．

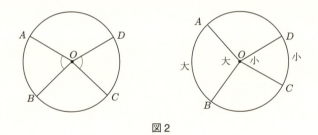

図2

6. 円周上の弧と，これに対する弦とで囲まれた図形を**弓形**という．また，1つの中心角の内部にある円盤の一部分を**扇形**という．**半円盤**は，中心角 $180°$ の扇形である．

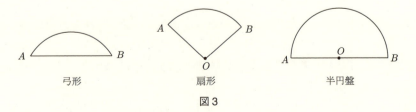

図3

第4章 三角形の五心　57

基本事項

1. **円周角と中心角**

    (1) 円周角は中心角の半分　　(2) 同じ弧の上の円周角はすべて等しい

    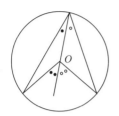　

2. **三角形の五心**

    重心：中線の交点　　**外心**：辺の垂直2等分線の交点　　**垂心**：垂線の交点

    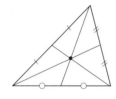　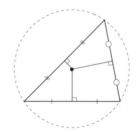　

    内心：内角の2等分線の交点　　**傍心**：内角1つ，外角2つの2等分線の交点

    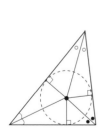　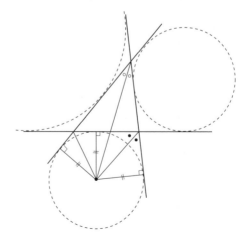

58

　三角形の五心については，すでに何度か問題中に登場している．三角形の「中心」としては200以上が知られているが，上記の5つが基本的なもので，数学オリンピックでも多くの関連する問題が出題されている．また，外心，内心，傍心に関する問題のほとんどは，外接円，内接円，傍接円との関係で，円周角の定理や次章で扱う内接四角形の定理などを使うことになる．

例 題

　例題1　$\triangle ABC$ の重心を G とするとき，次のことを証明せよ：
　(1)　3つの三角形 $\triangle ABG$, $\triangle BCG$, $\triangle CAG$ の面積は等しい．
　(2)　$|AG| < |BG| + |CG|$．
　(3)　$\triangle ABC$ の3辺の中点を頂点とする三角形 ($\triangle ABC$ の**中点三角形**という) の重心は G である．

　解答　辺 BC, CA, AB の中点を，それぞれ，L, M, N とする．
(1)　$|BL| = |CL|$ で高さが共通だから，$[\triangle ABL] = [\triangle ACL]$．

また，G は重心より，$|AG| : |GL| = 2 : 1$ だから，

$$[\triangle ABG] = \frac{2}{3}[\triangle ABL], \qquad [\triangle ACG] = \frac{2}{3}[\triangle ACL].$$

よって，$[\triangle ABG] = [\triangle ACG]$．
同様に，$[\triangle CAG] = [\triangle CBG]$．
ゆえに，$[\triangle ABG] = [\triangle BCG] = [\triangle CAG]$．
(2)　AG を G の方に延長し，その上に $|AG| = |GF|$ となる点 F をとる．
$\triangle GCF$ において，三角不等式 $|CF| + |CG| > |GF|$ が成り立つ．
$|BL| = |LC|$, $|GL| = |LF|$ より，四辺形 $BFCG$ は平行四辺形だから，$|CF| = |BG|$ である．また，点 F のとり方から，$|GF| = |AG|$ である．
　したがって，$|BG| + |CG| > |AG|$．
(3)　AL と MN の交点を D とする．
$MN /\!/ CB$ だから，中点連結定理より，$|MD| = \frac{1}{2}|CL|$, $|ND| = \frac{1}{2}|BL|$．
よって，$|MD| = |ND|$．これは直線 LA ($=$ 直線 LD) が $\triangle LMN$ の頂点 L を

通る中線であることを示す.

まったく同様にして，直線 BM, CN も，それぞれ，頂点 M, N を通る中線であることが示されるから，$\triangle ABC$ の重心 G は $\triangle LMN$ の重心でもある.

注　重心については，第 2 章の例題 11 で取り上げてある．また，第 1 章の例題 7 で示した中線定理が使われることが多い．

例題 2 (外心・外接円)　$\triangle ABC$ の 3 辺の垂直 2 等分線は 1 点で交わることを証明せよ．

解答　2 辺 AB, AC の垂直 2 等分線の交点を O とすると，

$$|OA| = |OB|, \quad |OA| = |OC| \quad \text{だから}, \quad |OB| = |OC|.$$

よって，$\triangle OBC$ は二等辺三角形であり，点 O から辺 BC に下ろした垂線の足 L は辺 BC の中点となる．つまり，OL は辺 BC の垂直 2 等分線である．

よって，$\triangle ABC$ の 3 辺の垂直 2 等分線は 1 点 O で交わる．

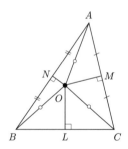 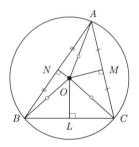

注　上の証明において，$|OA| = |OB| = |OC| = R$ であるから，3 点 A, B, C は点 O を中心とする半径 R の円周 S 上にある．この円周 S を $\triangle ABC$ の **外接円** といい，その中心 O を $\triangle ABC$ の **外心** という．また，$\triangle ABC$ は円周 S に **内接** するともいう．

平面上の異なる 2 点は直線 (線分) を決定する．同一直線上にない 3 点は，この 3 点を頂点とする三角形の外接円として，ただ 1 つの円周を決定する．

例題 3（垂心） △ABC において，3頂点 A, B, C から，それぞれ，直線 BC, CA, AB に下ろした垂線は，1点で交わることを証明せよ．

解答 頂点 A, B, C から，それぞれ，対辺に下ろした垂線の足を，D, E, F とする．頂点 A, B, C を通って，それぞれ，対辺 BC, CA, AB に平行な直線を引き，下図のような △LMN をつくる．

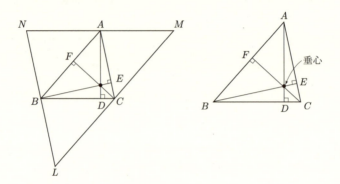

▱NBCA, ▱ABCM は平行四辺形だから，$|NA| = |BC|$, $|AM| = |BC|$ となり，$|NA| = |AM|$．

また，$AD \perp BC$, $BC // NM$ より，$AD \perp NM$．

よって，AD は辺 NM の垂直2等分線である．

同様に，BE, CF は，それぞれ，辺 NL, LM の垂直2等分線である．

したがって，3直線 AD, BE, CF は，△LMN の3辺の垂直2等分線になるから，△LMN の外心で交わる．

注 これらの3本の垂線の交点を △ABC の**垂心**という．△ABC の垂心を H とすれば，△HBC の垂心は A, △HCA の垂心は B, △HAB の垂心は C であることが直ちにわかるから，4点 A, B, C, H は対等である．

例題 4（内心・内接円） △ABC の3つの内角 ∠A, ∠B, ∠C の2等分線は，1点で交わることを証明せよ．

解答 ∠B, ∠C の2等分線の交点を I とする．点 I から辺 BC, CA, AB に下

ろした垂線の足を，それぞれ，D, E, F とすると，

$$|IF| = |ID|, |IE| = |ID| \quad \text{より}, \quad |IE| = |IF|$$

である．

したがって，AI は $\angle A$ の 2 等分線である．

つまり，3 つの内角の 2 等分線は 1 点 I で交わる．

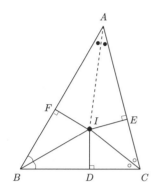
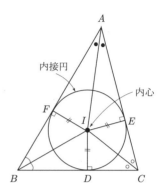

注 上の証明において，$|ID| = |IE| = |IF| = r$ であるから，3 点 D, E, F は点 I を中心とし半径 r の円周 S_I 上にある．この円周 S_I は点 D, E, F において各辺に接している．この円周 S_I を $\triangle ABC$ の**内接円**といい，その中心 I を $\triangle ABC$ の**内心**という．また，$\triangle ABC$ は円周 S_I に**外接**するともいう．

例題 5 (傍心・傍接円) $\triangle ABC$ の 1 つの内角 $\angle A$ の 2 等分線と他の 2 つの外角の 2 等分線は 1 点で交わることを証明せよ．

解答 $\angle A$ の 2 等分線と頂点 B における外角の 2 等分線の交点を K_a とする．点 K_a から直線 BC, CA, AB に下ろした垂線の足を，それぞれ，D, E, F とすると，

$$|K_a E| = |K_a F|, |K_a F| = |K_a D| \quad \text{より}, \quad |K_a E| = |K_a D|$$

である．

したがって，CK_a は頂点 C における外角の 2 等分線である．

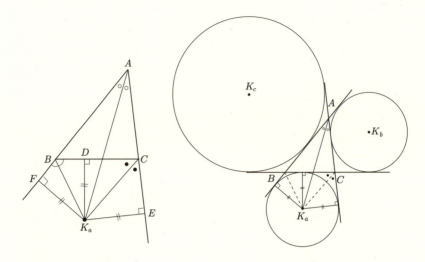

注 上の証明において，$|K_aD| = |K_aE| = |K_aF| = r_a$ であるから，3 点 D, E, F は点 K_a を中心とし半径 r_a の円周 S_a 上にある．この円周 S_a を $\triangle ABC$ の $\angle A$ 内の**傍接円**といい，その中心 K_a を ($\angle A$ 内の) **傍心**という．まったく同様にして，$\angle B$ 内の傍接円，$\angle C$ 内の傍接円も定義されるから，傍接円，傍心は 3 つある (上右図)．

また，上の例 4 の解答とこの解答を比べてみると分かるように，内接円と傍接円は三角形の 3 つの辺に同時に接するという共通の性質で特徴付けられ，多くの共通の性質をもつ．実際，内接円に関して成立する性質のほとんどは，適当な語彙の修正のもとで，傍接円に関しても成立する．内接円と 3 つの傍接円を合わせた 4 つの円周を $\triangle ABC$ の **3 接円**ということがある．この 3 は，3 本の直線に接するという意味である．

例題 6 (円周角の定理)

(1) 円周において，その上の 1 つの弧に対する円周角の大きさは，その弧に対する中心角の半分に等しい．

(2) 同じ弧に対する円周角の大きさは等しい．

証明 (1) が証明されると，共役弧上の点 P の選び方に依らず，弧に対する円周角は中心角の半分であって，一定であるから，(2) も示される．

円周を Γ とし，その中心を O とする．Γ 上の弧 AB に対し，その共役弧上の

点を P とする. 弧 AB に対する円周角 $\angle APB$ は, P の位置によって次の3つの場合がある:

(ⅰ)　　　　　　　　(ⅱ)　　　　　　　　(ⅲ)

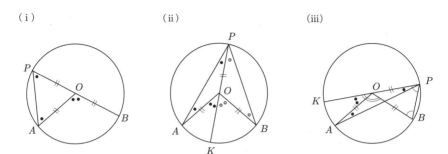

(ⅰ)　P を通る直径が PB (または, PA) となる場合:
$\triangle OPA$ は $|OP|=|OA|$ の二等辺三角形だから, $(\angle OPA)=(\angle OAP)$.
また, $(\angle AOB)=(\angle OPA)+(\angle OAP)$ だから, 上の等式と合わせて,

$$(\angle AOB)=2(\angle OPA)=2(\angle APB).$$

(ⅱ)　P を通る直径の他端 K が弧 AB 上にある場合:
(ⅰ)と同様に,
$\triangle OPA$ で, $(\angle AOK)=2(\angle OPA)$,
$\triangle OPB$ で, $(\angle BOK)=2(\angle OPB)$.
これらを辺々加えて, $(\angle AOB)=2(\angle OPA)+2(\angle OPB)=2(\angle APB)$.

(ⅲ)　P を通る直径の他端 K が弧 AB の共役弧上にある場合:
(ⅰ)と同様に,
$\triangle OPA$ で, $(\angle AOK)=2(\angle OPA)$,
$\triangle OPB$ で, $(\angle BOK)=2(\angle OPB)$.
これらの差を考えて, $(\angle AOB)=2(\angle OPB)-2(\angle OPA)=2(\angle APB)$.

例題 7 (円周角の定理の逆)　2点 C, P が直線 AB に関して同じ側にあるとき,

$$(\angle APB)=(\angle ACB)$$

ならば, 4点 A, B, C, P は同一円周上にある.

証明 3点 A, B, C を通る円周 (つまり，$\triangle ABC$ の外接円) を Γ とする．点 P がこの円周 Γ 上にあることを証明する．

(ⅰ) P が円周 Γ 上にあるとき：

円周角の定理から，$(\angle APB) = (\angle ACB)$．

(ⅱ) P が Γ の内部にあるとき：

直線 BP と点 C を含む弧 AB との交点を Q とすると，$\angle APB$ は $\triangle AQP$ の頂点 P における外角だから，

$$(\angle APB) > (\angle AQB) = (\angle ACB).$$

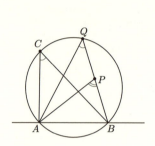
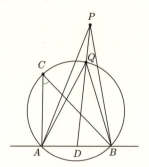

(ⅲ) P が Γ の外部にあるとき：

弦 AB 上に1点 D をとると，弧 AB と線分 PD は1点で交わる．この点を Q とすると，$\angle AQD$ は $\triangle APQ$ の頂点 Q における外角で，$\angle BQD$ は $\triangle BPQ$ の頂点 Q における外角だから，

$$(\angle APD) < (\angle AQD), \qquad (\angle BPD) < (\angle BQD).$$

これらを辺々加えて，

$$(\angle APB) = (\angle APD) + (\angle BPD)$$
$$< (\angle AQD) + (\angle BQD) = (\angle AQB) = (\angle ACB).$$

よって，P が Γ 上にないとすると，上の (ⅱ) か (ⅲ) の場合となる．したがって，$(\angle APB) = (\angle ACB)$ となるのは，P が Γ 上にある場合に限る．

例題 8 (オイラーの公式) $\triangle ABC$ の外心を O，内心を I，外接円と内接円の半径を，それぞれ，R, r とし，$|OI| = d$ とすれば，次が成り立つ：

$$d^2 = R^2 - 2rR\,;\qquad R^2 - d^2 = 2rR.$$

解答 $\angle A$ の 2 等分線と外接円 Γ との交点を L とすると,円周角の定理より,L は弧 BC を 2 等分し,内心の性質から AL は点 I を通る. L を通る Γ の直径の他端を M とする.いま,$\alpha = (\angle A)/2, \beta = (\angle B)/2$ とおけば,

$$(\angle BML) = (\angle BAL) = \alpha, \qquad (\angle LBC) = (\angle LAC) = \alpha.$$

頂点 I における $\triangle ABI$ の外角は,$(\angle BIL) = \alpha + \beta = (\angle LBI)$ だから,$\triangle LBI$ は $|LI| = |LB|$ なる二等辺三角形である.

また,点 I から辺 AC に下ろした垂線の足を D とすると,$|ID| = r$. さらに,直角三角形 $\triangle MLB, \triangle AID$ において,$(\angle LMB) = (\angle DAI) = \alpha$ であるから,これらは相似である.よって,$|LB|:|LM| = |ID|:|AI|$ である.よって,次が得られる:

$$R^2 - d^2 = |LI|\cdot|AI| = |LB|\cdot|AI| = \frac{|LM|\cdot|LB|\cdot|AI|\cdot|ID|}{|LM|\cdot|ID|}$$
$$= |LM|\cdot|ID| = 2R\cdot r = 2rR.$$

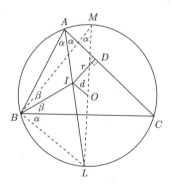

注 オイラー (L.Euler, 1707-1783) はスイス生まれの 18 世紀を代表する大数学者で,膨大な業績を残した.数学のあらゆる分野にわたって基本的な貢献があり,オイラーの名を冠した定理・定義・概念などが多数ある.

第4章　練習問題 (初級)

1. $\triangle ABC$ の外心 O がその三角形の内部にあるとき，その三角形は鋭角三角形であることを証明せよ.

2. $\triangle ABC$ の内心を I とするとき，次を証明せよ:

(1) $[\triangle IBC] : [\triangle ICA] : [\triangle IAB] = a : b : c$.

(2) 直線 AI が辺 BC と交わる点を P とすると，$|BP| : |CP| = c : b$.

3. $\triangle ABC$ の $\angle A$ 内の傍接円と直線 BC, CA, AB との接点を，それぞれ，D, E, F とするとき，次の等式が成り立つことを証明せよ:

$$|AE| = |AF| = \frac{1}{2}(a + b + c).$$

4. $\triangle ABC$ を鋭角三角形とし，H をその垂心とする．直線 AH と辺 BC および $\triangle ABC$ の外接円との交点を，それぞれ，D, K とするとき，$|HD| = |DK|$ であることを証明せよ.

5. (AIME/2011)　正方形 $ABCD$ の対角線 AC 上に点 P があり，$|AP| > |CP|$ が成り立っている．O_1, O_2 を，それぞれ，$\triangle ABP$, $\triangle CDP$ の外心とする．$|AB| = 12$, $(\angle O_1 P O_2) = 120°$ であるとき，線分 AP の長さ $|AP|$ を求めよ.

6. (JJMO/2001 予選)　$\triangle ABC$ は 1 辺の長さが a の正三角形である．D, E, F は，それぞれ，辺 BC, CA, AB 上の点であり，$\triangle DEF$ は 1 辺の長さが b の正三角形である (ただし，$b < a$)．このとき，$\triangle AFE$ の内接円の半径を求めよ.

7. (JJMO/2013 予選)　円周に内接する七角形 $ABCDEFP$ があり，次をみたす:

$|AB| = |BC| = |CD| = |DE| = |EF|$, $\quad (\angle PAB) = 100°$, $\quad (\angle PFE) = 120°$.

$\angle FPA$ の大きさを求めよ.

8. (JJMO/2010 予選)　$\triangle ABC$ は $(\angle A) = 60°$ である．$\angle B$, $\angle C$ の 2 等分線が辺 CA, AB と交わる点を，それぞれ，P, Q とする．$\triangle ABC$ の内接円の半径を r_1，$\triangle APQ$ の内接円の半径を r_2 とするとき，$\triangle APQ$ の外接円の半径を r_1, r_2 で表せ.

第 4 章　三角形の五心　67

9. (ROMANIAN MC/TST(grade 7)/2004)　$\triangle ABC$ の辺 BC 上に点 D をとる. $\angle ADB$ の 2 等分線と辺 AB との交点を M, $\angle ADC$ の 2 等分線と辺 AC との交点を N とする. さらに, $\angle ABD$ の 2 等分線と DM との交点を K, $\angle ACD$ の 2 等分線と DN との交点を L とする. 次を証明せよ:

$$|AM| = |AN| \iff MN \;//\; KL.$$

10. (JJMO/2014 予選)　円周に内接する五角形 $ABCDE$ があり,

$$|AB| = 2, \quad |BC| = 5, \quad |CD| = 2, \quad |DE| = 5, \quad |DA| = 8$$

である. このとき, 対角線 BE の長さを求めよ.

第 4 章　練習問題 (中級)

1. (JMO/1995 予選)　$\triangle ABC$ は鋭角三角形で, その外接円の中心を O とする. 線分 OA, BC の中点を, それぞれ, M, N とする. $(\angle B) = 4(\angle OMN)$, $(\angle C) = 6(\angle OMN)$ であるとき, $\angle OMN$ の大きさを求めよ.

2. (APMO/2007)　$\triangle ABC$ は鋭角三角形で, $(\angle A) = 60°$ であり, $|AB| > |AC|$ である. $\triangle ABC$ の内心を I, 垂心を H とする. このとき, 次を証明せよ:

$$2(\angle AHI) = 3(\angle ABC).$$

3. (CMC/2009)　$\triangle ABC$ において, 点 D を辺 AB 上に, 点 E を辺 AC 上に, $DE \;//\; BC$ となるように選ぶ. $\triangle ADE$ の内接円は辺 DE と点 M で接し, $\triangle ABC$ の $\angle A$ 内の傍接円は辺 BC と点 N で接する. BE と CD の交点を P とするとき, 3 点 M, N, P は同一直線上にあることを証明せよ.

4. (IMO/2001)　$\triangle ABC$ は鋭角三角形で, その外心を O とする. A から辺 BC に下ろした垂線の足を P とする.

$$(\angle BCA) \geq (\angle ABC) + 30°$$

のとき, $(\angle CAB) + (\angle COP) < 90°$ を示せ.

5. (JMO/2005 予選)　$|OA| = 2$, $|OP| = a$, $(\angle AOP) = 90°$ なる $\triangle AOP$ の

辺 OA の中点を B とする. このとき, $\angle APB$ を最大にするような a の値を求めよ.

6. (オイラー線) $\triangle ABC$ の重心を G, 外心を O, 垂心を H とするとき, 次を証明せよ:

(1) O から辺 BC に下ろした垂線の足を L とすると, $|AH| = 2|OL|$.

(2) G は線分 OH 上にあり, これを $1 : 2$ に内分する.

7. (ROMANIAN MO/TST(Grade 9)/2005) $\triangle ABC$ の外心を O, 内心を I, 重心を G とする. $I \neq O$ のとき, 次を証明せよ.

$$IG \perp BC \Longleftrightarrow b = c \quad または \quad b + c = 3a.$$

ただし, $a = |BC|$, $b = |CA|$, $c = |AB|$ とする.

8. (AUSTRIA/2009) $\triangle ABC$ の辺 BC, CA, AB の中点を, それぞれ, D, E, F とし, 頂点 A, B, C から, それぞれ, 対辺 BC, CA, AB に下ろした垂線の足を, H_a, H_b, H_c とする. さらに, $\triangle H_a H_b H_c$ の 3 辺 $H_b H_c$, $H_c H_a$, $H_a H_b$ の中点を, それぞれ, P, Q, R とする. 3 直線 PD, QE, RF は 1 点で交わることを証明せよ.

■■■ 第4章 練習問題 (上級) ■■■

1. (IMO/2013) $\triangle ABC$ は鋭角三角形で, その垂心を H とする. W を辺 BC の内点とし, B から AC へ下ろした垂線の足を M, C から AB へ下ろした垂線の足を N とする. ω_1 を $\triangle BWN$ の外接円とし, ω_1 上の点 X を線分 WX が ω_1 の直径であるようにとる. 同様に, ω_2 を $\triangle CWM$ の外接円とし, ω_2 上の点 Y を線分 WY が ω_2 の直径であるようにとる. X, Y, H は同一直線上にあることを示せ.

2. (KOREAN MO/2011 改) $\triangle ABC$ において, $|AC| < |AB| < |BC|$ である. $\triangle ABC$ の外接円 Γ と, $\angle A$ の 2 等分線との交点を $E(\neq A)$ とする. 辺 AB 上に点 D を $CD \perp AE$ となるように選び, CD と Γ との交点を $F(\neq C)$ とする. K を BC と DE の交点とする. 次を証明せよ:

第 4 章 三角形の五心　69

$$|CK| = |AC| \iff |DK| \cdot |EF| = |AC| \cdot |DF|.$$

3. (IMO/2002)　点 O を中心とする円周 Γ があり，BC は Γ の直径である．点 A は Γ 上にあり，$0° < (\angle AOB) < 120°$ をみたす．点 C を含まない弧 AB の中点を D とし，点 O を通り直線 DA に平行な直線と直線 AC との交点を J とする．線分 OA の垂直 2 等分線と Γ との交点を E, F とする．

このとき，点 J は $\triangle CEF$ の内心であることを証明せよ．

4. (IMO/2006)　$\triangle ABC$ の内心を I とする．点 P がこの三角形の内部にあって，等式

$$(\angle PBA) + (\angle PCA) = (\angle PBC) + (\angle PCB)$$

をみたすとき，$|AP| \geq |AI|$ が成り立つことを証明せよ．

5. (九点円)　$\triangle ABC$ の辺 BC, CA, AB の中点を，それぞれ，L, M, N とし，頂点 A, B, C から対辺に下ろした垂線の足を，それぞれ，D, E, F とする．$\triangle ABC$ の垂心を H とし，線分 AH, BH, CH の中点を，それぞれ，U, V, W とする．このとき，9 個の点 $D, E, F, L, M, N, U, V, W$ は同一円周上にあることを示せ．

6. (IMO/2005)　$\triangle ABC$ を正三角形とする．辺 BC 上に点 A_1, A_2，辺 CA 上に点 B_1, B_2，辺 AB 上に点 C_1, C_2 を，凸六角形 $A_1 A_2 B_1 B_2 C_1 C_2$ の 6 つの辺の長さがすべて等しくなるようにとる．このとき，3 直線 $A_1 B_2$, $B_1 C_2$, $C_1 A_2$ は 1 点で交わることを示せ．

7.　円周 Γ の外部に 2 点 P, Q がある．P から Γ に引いた接線の接点を A, B とし，Q から Γ に引いた接線の接点を C, D とすると，3 直線 AD, BC, PQ は 1 点で交わるか，または平行であることを証明せよ．

第5章　円周と多角形

基本事項

1. 円周と直線

半径 r の円周 Γ の中心 O から，直線 ℓ に下ろした垂線 OH の長さを h とするときの Γ と ℓ の位置関係：

(1) $h > r \iff$ 共有点なし

(2) $h = r \iff$ 接する，共有点1つ；ℓ：接線，H：接点，$OH \perp \ell$

(3) $h < r \iff$ 交わる，共有点は2つ；ℓ：割線

2. 接線の性質

(1) 弦 AT と T での接線のなす角は，弧 AT 上の円周角に等しい (**接弦定理**)．

(2) $|PT|^2 = |PA| \cdot |PB|$ (**方冪の定理**)．

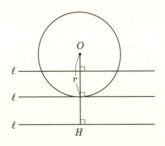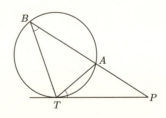

図1

3. 4点が同一円周上にあるときの性質

4点 A, B, C, D が同一円周上にあるとき，

(1) $(\angle A) + (\angle C) = 180°$．

(2) $(\angle BAC) = (\angle BDC)$.
(3) $(\angle BAD) = (\angle BCD)$.
(4) $|PA| \cdot |PB| = |PC| \cdot |PD|$ (**方冪の定理**).

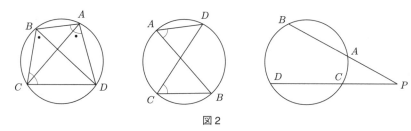

図 2

　上の性質 **2, 3** は，円周角の定理の応用であるが，円周と多角形を議論する際にはよく使われる基本的なものである．

例 題

例題 1 (**接弦定理**)　円周 Γ とその弦 AB および，点 A を通る直線 ℓ について，次が成り立つ：

(1)　ℓ が Γ の接線ならば，弦 AB と ℓ とのなす角の大きさは，弦 AB に対する円周角の大きさに等しい．

(2)　弦 AB と ℓ のなす角の大きさが，弦 AB に対する円周角の大きさに等しいならば，ℓ は Γ の接線である．

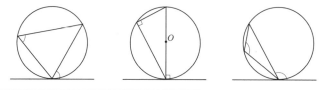

証明　(1)　ℓ 上に 1 点 T をとり，弦 AB に対する円周角を $\angle ACB$ とする．A を通る直径を AD とする．

(ア)　$\angle TAB$ が鋭角の場合：
$(\angle TAD) = 90°$ だから，$(\angle TAB) = 90° - (\angle BAD)$.

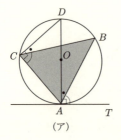
(ア)

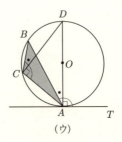
(ウ)

($\angle ACD$) = $90°$ だから，($\angle ACB$) = $90° - $ ($\angle BCD$).
弧 BD に対する円周角とみて，($\angle BAD$) = ($\angle BCD$).
これらの 3 つの等式より，($\angle TAB$) = ($\angle ACB$).
(イ) ($\angle TAB$) = $90°$ の場合：接線の性質より，明らか．
(ウ) $\angle TAB$ が鈍角の場合：
($\angle TAD$) = $90°$ だから，($\angle TAB$) = $90° + $ ($\angle BAD$).
($\angle ACD$) = $90°$ だから，($\angle ACB$) = $90° + $ ($\angle BCD$).
弧 BD に対する円周角とみて，($\angle BAD$) = ($\angle BCD$).
これらの 3 つの等式より，($\angle TAB$) = ($\angle ACB$).
(2) 上の (1) の証明から明らかである．

> 注　(2) は，上の基本事項 1(2) の一般化にもなっている．

例題 2（内接四角形の定理）
　□$ABCD$ がある円周に内接する $\iff$ ($\angle ACB$) = ($\angle ADB$).

証明　($\Longrightarrow$)　弧 AB に対する円周角はすべて等しいから，($\angle ACB$) = ($\angle ADB$).
　($\Longleftarrow$)　△ABC の外接円を $\varGamma$ とする．頂点 D が $\varGamma$ 上にないとする．直線 AD と $\varGamma$ との交点を D' とする．
　(i)　D が $\varGamma$ の内部にあるとき，三角形の外角はその内対角より大きいから，($\angle ADB$) > ($\angle AD'B$) = ($\angle ACB$).
　これは，条件 ($\angle ACB$) = ($\angle ADB$) に矛盾する．
　(ii)　D が $\varGamma$ の外部にあるとき，($\angle ADB$) < ($\angle AD'B$) = ($\angle ACB$).
　これは，条件 ($\angle ACB$) = ($\angle ADB$) に矛盾する．
　(i),(ii) より，($\angle ACB$) = ($\angle ADB$) ならば，D は $\varGamma$ 上にある．

第5章 円周と多角形　73

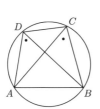
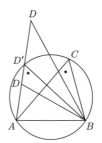

例題 3 (方冪の定理 I)　線分 AB, CD, またはそれぞれの延長が 1 点 P で交わるとき，次が成り立つ：

4点 A, B, C, D が同一円周上にある $\iff |PA| \cdot |PB| = |PC| \cdot |PD|$.

証明　($\Longrightarrow$)　4点が円周 Γ 上にあるとする．交点 P が Γ の内部にある場合も外部にある場合も，$\triangle PAD$ と $\triangle PCB$ において，$(\angle APD) = (\angle CPB)$ が成り立つ.

4点 A, B, C, D は Γ 上にあるから，
$$(\angle ADP) = (\angle CBP)$$
である．したがって，
$$\triangle PAD \sim \triangle PCB.$$
よって，$|PA| : |PC| = |PD| : |PB|$．よって，$|PA| \cdot |PB| = |PC| \cdot |PD|$.

($\Longleftarrow$)　$\triangle PAD$ と $\triangle PCB$ において，$(\angle APD) = (\angle CPB)$, $|PA| \cdot |PB| = |PC| \cdot |PD|$ だから，
$$|PA| : |PC| = |PD| : |PB|.$$

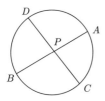
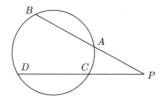

よって，
$$\triangle PAD \sim \triangle PCB.$$

これより，$(\angle ADP) = (\angle CBP)$ となるから，内接四角形の定理より，4 点 A, B, C, D は同一円周上にある．

例題 4 (方冪の定理 II) 円周 Γ の弦 AB の延長上の点 P と Γ 上の点 T について，次が成り立つ：
$$PT \text{ が } \Gamma \text{ の接線} \iff |PA| \cdot |PB| = |PT|^2.$$

証明 ($\Longrightarrow$) $\triangle PAT$ と $\triangle PTB$ において，$(\angle TPA) = (\angle BPT)$. また，$PT$ が Γ に接することより，$(\angle ATP) = (\angle TBP)$. よって，$\triangle PAT \sim \triangle PTB$.
よって，$|PA| : |PT| = |PT| : |PB|$. ゆえに，$|PA| \cdot |PB| = |PT|^2$.
($\Longleftarrow$) $\triangle PAT$ と $\triangle PTB$ において，$(\angle TPA) = (\angle BPT)$.
条件 $|PA| \cdot |PB| = |PT|^2$ より，$|PA| : |PT| = |PT| : |PB|$.
よって，$\triangle PAT \sim \triangle PTB$. したがって，$(\angle ATP) = (\angle TBP)$ だから，接弦定理より，PT は Γ に接する．

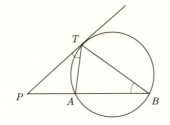 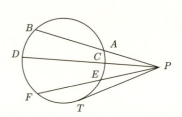

注 方冪の定理 II は，方冪の定理 I の点 P が円周 Γ の外部にある場合に，一方の割線が接線になった場合に相当する．上右図のように，I と II を合わせて考えると，
$$|PA| \cdot |PB| = |PC| \cdot |PD| = |PE| \cdot |PF| = \cdots = |PT|^2$$

となり，この一定値を，円周 Γ に関する点 P の**方冪**という．下の練習問題 (初級 2) で示されるように，この方冪は，Γ の半径と $|OP|$ (O は Γ の中心) によって表される．

なお，冪が当用漢字に含まれないため，「方べき」，「方巾」などと表すことがある．

例題 5 △ABC を鋭角三角形とし，A, B, C から対辺に下ろした垂線の足を，それぞれ，D, E, F とする．△ABC の垂心 H は，その垂足三角形 △DEF の内心であることを証明せよ．

解答 $(\angle BEC) = (\angle BFG) = 90°$ で，点 E, F は直線 BC の同じ側にあるから，E, F は辺 BC を直径とする同一半円周上にある (下左図参照)．よって，

$$(\angle EBF) = (\angle ECF). \qquad ①$$

また，$(\angle BDH) = (\angle BFH) = 90°$ より，4 点 B, D, H, F は線分 BH を直径とする同一円周上にある．よって，

$$(\angle FBH) = (\angle FDH). \qquad ②$$

同様に，4 点 C, E, H, D も同一円周上にあるから，

$$(\angle HDE) = (\angle HCE). \qquad ③$$

①, ②, ③ より，$(\angle HDE) = (\angle HDF)$.

同様にして，$(\angle HFD) = (\angle HFE), (\angle HED) = (\angle HEF)$ を得る．

よって，点 H は △DEF の 3 つの内角の 2 等分線の交点となるから，その内心である．

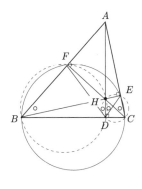

例題 5 の図

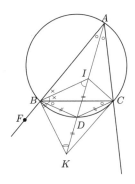

例題 6 の図

例題 6 $\triangle ABC$ の内心を I, $\angle A$ 内の傍心を K, $\triangle ABC$ の外接円と直線 AI との交点を D とすると, $|ID| = |KD| = |BD| = |CD|$ であることを証明せよ.

解答 D は $\angle A$ の 2 等分線上にあるから, $(\angle BAD) = (\angle CAD)$.
4 点 A, B, D, C は同一円周上にあるから,

$$(\angle BAD) = (\angle BCD), \qquad (\angle CAD) = (\angle CBD).$$

よって, $\triangle BDC$ において $(\angle BCD) = (\angle CBD)$. ゆえに, $|CD| = |BD|$. $\cdots$①
一方, I が内心であることから, $(\angle ABI) = (\angle CBI)$.
また, $(\angle BAI) = (\angle CBD)$ だから, $\triangle BID$ において,

$$(\angle BID) = (\angle ABI) + (\angle BAI) = (\angle IBC) + (\angle CBD) = (\angle IBD)$$

であるから, $|ID| = |BD|$. $\cdots$②
さらに, 前ページ右図のように直線 AB 上に点 F をとると, K は傍心であるから, $(\angle FBK) = (\angle CBK)$.
また, $(\angle DBC) = (\angle BAK)$ より, $\triangle BKD$ において,

$$(\angle DBK) = (\angle CBK) - (\angle DBC) = (\angle FBK) - (\angle BAK) = (\angle BKD)$$

であるから, $|BD| = |KD|$. $\cdots$③
①, ②, ③より, $|ID| = |KD| = |BD| = |CD|$.

例題 7(トレミーの定理) $\square ABCD$ が円周に内接すれば, 次が成り立つ:

$$|AB| \cdot |CD| + |BC| \cdot |DA| = |AC| \cdot |BD|.$$

証明 対角線 BD 上に点 E を $(\angle BAE) = (\angle CAD)$ となるように選ぶ.
$(\angle ABE) = (\angle ACD)$ だから, $\triangle ABE \sim \triangle ACD$ である. よって,

$$|AB| : |BE| = |AC| : |CD| \; ; \qquad |AB| \cdot |CD| = |AC| \cdot |BE|. \tag{①}$$

また, $\triangle ABC$ と $\triangle AED$ において, $(\angle ACB) = (\angle ADE)$,

$$(\angle BAC) = (\angle BAE) + (\angle CAE), \qquad (\angle EAD) = (\angle CAD) + (\angle CAE)$$

だから，$(\angle BAC) = (\angle EAD)$．よって，$\triangle ABC \sim \triangle AED$.

よって，
$$|BC|:|AC| = |ED|:|AD|\ ;\qquad |BC|\cdot|AD| = |AC|\cdot|ED|. \qquad ②$$

①，②より，
$$|AB|\cdot|CD| + |BC|\cdot|AD| = |AC|\cdot(|BE|+|ED|)$$
$$= |AC|\cdot|BD|.$$

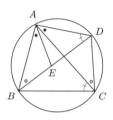

注 トレミー (Ptolemy, A.D.85–165) はギリシャ名をプトレマイオスという．主著に『アルマゲスト (Almagest)』という 13 巻の天文学・数学の大著があり，ギリシャ数学の集大成ともいわれる．上記のトレミーの定理は正弦の加法定理を得るためのものであったとされ，いろいろな証明がある．また，凸四角形については，逆も正しい．さらに，一般的に次が成り立ち，トレミーの不等式といわれる：□$ABCD$ について，$|AB|\cdot|CD| + |BC|\cdot|AD| \geq |AC|\cdot|BD|$（第 7 章参照）．

例題 8 (JMO/2014 本選) $\triangle ABC$ があり，その外接円を Γ とし，点 A における Γ の接線を ℓ とする．D, E は，それぞれ，辺 AB, AC の内点で，$|BD|:|DA| = |AE|:|EC|$ をみたしている．直線 DE と円周 Γ との 2 交点を F, G とし，点 D を通り AC に平行な直線と ℓ との交点を H，点 E を通り AB に平行な直線と ℓ との交点を I とする．このとき，4 点 F, G, H, I は同一円周上にあり，その円周は直線 BC に接することを示せ．

解答 D を通り AC に平行な直線と BC との交点を X とする．このとき，$|BX|:|XC| = |BD|:|DA| = |AE|:|EC|$ より，X は E を通り AB に平行な

直線上にある.

接弦定理と $AB \parallel IX$ より, $(\angle IAC) = (\angle ABC) = (\angle IXC)$ が成り立つ. よって, 内接四角形の定理より, 4 点 A, I, C, X は同一円周上にあるので, 方冪の定理より, $|AE| \cdot |CE| = |IE| \cdot |XE|$ である. また, 仮定から, 4 点 A, F, C, G は Γ 上にあるので, 方冪の定理より, $|AE| : |EC| = |FE| : |EG|$ である. これらの比例式から, $|IE| : |XE| = |FE| : |EG|$ が得られる. よって, 方冪の定理より, 4 点 I, X, F, G は同一円周上にある. 同様に, 4 点 H, X, F, G も同一円周上にあることがわかるので, 5 点 F, G, H, I, A は同一円周上にある;この円周を ω とする.

ここで, $AC \parallel HX$ より, $(\angle IHX) = (\angle IAC)$ がわかり, 上で示したように $(\angle IAC) = (\angle IXC)$ なので, $(\angle IXC) = (\angle IHX)$ が成り立つ. よって, 接弦定理 (2) より, $\triangle HIX$ の外接円は X において直線 BC に接する. この外接円は ω であり, 4 点 F, G, H, I もこの ω 上にある.

例題 9 (BALKAN MO/2005)　$\triangle ABC$ は鋭角三角形で, その内接円は辺 AB, AC に, それぞれ, 点 D, E で接している. $\angle ACB$, $\angle ABC$ の 2 等分線と直線 DE との交点を, それぞれ, X, Y とし, 辺 BC の中点を Z とする. 次を証明せよ:

$$\triangle XYZ \text{ が正三角形} \iff (\angle A) = 60^\circ.$$

解答　$\triangle ABC$ の内心を I とする. まず, $\square DBIX$, $\square EICY$ が, それぞれ, ある円周に内接することを示す.

$$(\angle XIB) = 180^\circ - (\angle BIC) = \frac{(\angle B)}{2} + \frac{(\angle C)}{2} = 90^\circ - \frac{(\angle A)}{2}$$

であって, $\triangle ADE$ は二等辺三角形だから,

$$(\angle ADE) = 90^\circ - \frac{(\angle A)}{2}.$$

したがって, $(\angle XIB) = (\angle ADE)$ が得られ, 内接四角形の定理より, $\square DBIX$ はある円周に内接する. 円周角の定理と点 D の仮定より, $(\angle BXC) = (\angle BXI) = (\angle BDI) = 90^\circ$ であるから, $\triangle BXC$ は直角三角形で, $|XZ| = |BZ| = |ZC|$ が成立する.

まったく同様にして，□$EICY$ もある円周に内接することが示され，△BYC は $(\angle BYC) = 90°$ なる直角三角形であることも示されるから，$|YZ| = |BZ| = |CZ|$ が成り立つ．

したがって，$|XZ| = |YZ|$ である．この結果，次がわかる：

$$\triangle XYZ \text{ が正三角形} \iff (\angle YXZ) = 60°.$$

ところが，

$$(\angle YXZ) = (\angle YXC) + (\angle CXZ) = (\angle ABY) + \frac{(\angle C)}{2} = \frac{(\angle B) + (\angle C)}{2}$$

であるから，

$$\frac{(\angle B) + (\angle C)}{2} = 60° \quad \text{または} \quad (\angle A) = 60°$$

となる．

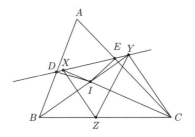

第 5 章　練習問題 (初級)

1. (内接四角形の定理)　次を証明せよ：

□$ABCD$ が円周に内接する

$\iff$ 1 組の内対角の大きさの和は $180°$

$(\angle A) + (\angle C) = 180° = (\angle B) + (\angle D)$

$\iff$ 1 頂点における外角があって，その大きさが，その頂点の対角の大きさに等しい；すなわち，例えば，$(\angle BAD) = (\angle DCE)$.

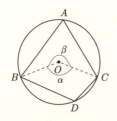 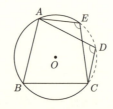 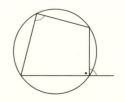

2. 点 O を中心とする円周 Γ と，Γ 上にはない 1 点 P が与えられている．P を通る任意の直線が Γ と交わる点を A, B とするとき，$|PA|\cdot|PB|$ を Γ の半径 r と $|OP|=a$（一定）を使って表せ．

3. (JJMO/2005)　$\triangle ABC$ において，$(\angle B) = 70°$, $(\angle C) = 50°$ である．$\angle B$, $\angle C$ の 2 等分線が，それぞれ，辺 AC, AB と交わる点を D, E とするとき，$\angle AED$ の大きさを求めよ．

4. (CMC/2008)　$\triangle ABC$ の辺 BC を直径とする円周 Γ と，直線 AB, AC との交点を，それぞれ，E, F とする．E, F における Γ の接線の交点を P とし，直線 AP と直線 BF の交点を D とする．3 点 D, C, E が同一直線上にあることを証明せよ．

5. (JJMO/2003)　$|AB|=|AC|=5$, $|BC|=6$ であるような $\triangle ABC$ の内部に点 D をとり，線分 AD を直径とする円周と辺 AB, AC との交点を，それぞれ，E, F とする．$|DE|=1$, $|DF|=2$ であるとき，$\triangle DBC$ の面積を求めよ．

6. (JJMO/2012 本選)　凸五角形 $ABCDE$ があり，$\square ABCD$ は正方形である．$(\angle AEC)+(\angle BED)=180°$ のとき，五角形 $ABCDE$ は円周に内接することを示せ．

7. (JJMO/2011 予選)　$\triangle ABC$ の内心を I, 外心を O とする．$|AB|=2$, $|AC|=3$, $(\angle AIO)=90°$ が成立しているとき，$\triangle ABC$ の面積を求めよ．

8. (JJMO/2011 本選)　鋭角三角形 $\triangle ABC$ の垂心を H とし，2 直線 AH, BC の交点を D とする．$\triangle ABD$ の外接円 Γ と直線 CH の交点のうち $\triangle ABC$ の外側にあるものを E とし，$\triangle ACD$ の外接円 Γ' と直線 BH の交点のうち $\triangle ABC$ の外側にあるものを F とする．このとき，$|AE|=|AF|$ であることを証明せよ．

第5章 円周と多角形 81

第5章 練習問題 (中級)

1. (JJMO/2012 本選) $\triangle ABC$ は鋭角三角形で, $(\angle BAC) = 30°$ である. $\triangle ABC$ の内部に点 X を, $(\angle XBC) = (\angle XCB) = 30°$ となるようにとる. 直線 BX, CX 上に, それぞれ, 点 P, Q を $|AP| = |BP|$, $|AQ| = |CQ|$ となるように選ぶ. 辺 BC の中点を M とする. このとき, $(\angle PMQ) = 90°$ を示せ.

2. (JJMO/2004) $\square ABCD$ において, 線分 AC, BD が点 P で交わるとする. また,

$$|AB| = |BP| = |AD|, \quad (\angle ABC) = (\angle BDC), \quad (\angle BCD) = (\angle CAD)$$

が成立しているとする. このとき, $\angle BCD$ の大きさを求めよ.

3. (JMO/2005 本選) 円周 Γ 上の 2 点 A, B に対し, A での接線と B での接線は点 X で交わり, Γ 上の 2 点 C, D に対し, 3 点 C, D, X はこの順に一直線上にあるとする. 直線 CA と直線 BD が点 F で直交するとき, CD と AB の交点を G とし, 線分 GX の垂直 2 等分線と BD の交点を H とする. このとき, 4 点 X, F, G, H は同一円周上にあることを示せ.

4. (TURKEY/2008) $\triangle ABC$ を鋭角三角形とし, O をその外心, H をその垂心とする. A_1, B_1, C_1 を, それぞれ, 辺 BC, CA, AB の中点とする. 半直線 HA_1, HB_1, HC_1 が $\triangle ABC$ の外接円と交わる点を, それぞれ, A_0, B_0, C_0 とする. $\triangle A_0 B_0 C_0$ の垂心を H_0 とするとき, 3 点 O, H, H_0 は同一直線上にあることを証明せよ.

5. (GREECE/TST/2009) $\triangle ABC$ の重心を G とし, 外心を O とする. 線分 GA, GB, GC の垂直 2 等分線が, 互いに点 A_1, B_1, C_1 で交わるとき, O は $\triangle A_1 B_1 C_1$ の重心であることを証明せよ.

6. (BULUGARIAN MO/2011) $\triangle ABC$ は鋭角三角形で, O をその内点とする. A_1, B_1, C_1 を, それぞれ, 点 O の辺 BC, CA, AB への射影とする. A を通り直線 $B_1 C_1$ に垂直な直線と, B を通り直線 $A_1 C_1$ に垂直な直線との交点を P とする. P の辺 AB への射影を H とするとき, 4 点 A_1, B_1, C_1, H は同一円周上にあることを示せ.

7. (KOREAN MO/2007) $\triangle ABC$ を鋭角三角形とし，その外心を O，外接円を Γ とする．Γ' を，Γ と A で接し，辺 BC と点 D で接する円周とし，その中心を O' とする．Γ' と辺 AB, AC との交点を，それぞれ，E, F とする．また，Γ' と直線 OO', EO' との交点を，それぞれ，$A'(\neq A)$, $G(\neq E)$ とする．直線 BO と直線 $A'G$ との交点を H とするとき，$|DF|^2 = |AF| \cdot |GH|$ が成り立つことを証明せよ．

8. (IMO/2004) $\triangle ABC$ は鋭角三角形で，$|AB| \neq |AC|$ である．辺 BC の中点を O とし，BC を直径とする円周と AB, AC の交点を，それぞれ，M, N とし，$\angle BAC$ の 2 等分線と $\angle MON$ の 2 等分線の交点を R とする．$\triangle BMR$ の外接円と $\triangle CNR$ の外接円は辺 BC 上に共有点をもつことを示せ．

9. (JJMO/2014 予選) $\triangle ABC$ は，$|AB| > |AC|$ である．$\angle BAC$ の 2 等分線と辺 BC との交点を D とする．さらに，線分 AD の垂直 2 等分線と辺 AB, AC との交点を，それぞれ，E, F とし，辺 BC 上に点 X を，$|BX| : |XC| = |BE| : |CF|$ をみたすようにとる．また，$\triangle ABC$ の外接円と直線 AX との交点のうち A でない方を Y とする．$\triangle ADY$ の外接円の半径を，$|BC| = a$, $|CA| = b$, $|AB| = c$ を用いて表せ．

▬ 第 5 章　練習問題 (上級) ▬

1. (IMO/2009) $\triangle ABC$ の外心を O とする．P, Q を，それぞれ，線分 CA, AB の内点とする．線分 PB, CQ, PQ の中点を，それぞれ，K, L, M とし，K, L, M を通る円周を Γ とする．Γ と直線 PQ は接しているとする．このとき，$|OP| = |OQ|$ を示せ．

2. (IMO/2010) $\triangle ABC$ の内部に点 P がある．直線 AP, BP, CP が $\triangle ABC$ の外接円 Γ と再び交わる点を，それぞれ，K, L, M とする．点 C における Γ の接線と直線 AB との交点を S とする．このとき，$|SC| = |SP|$ が成り立つならば，$|MK| = |ML|$ が成り立つことを示せ．

3. (調和点列) 円周 Γ の外部の 1 点 P から接線 PA, PB を引く（A, B は接点）．P を通る任意の割線が Γ と交わる点を C, D とし，弦 AB と交わる点を Q

とするとき，次のことを証明せよ：

$$\frac{1}{|PC|} + \frac{1}{|PD|} = \frac{2}{|PQ|}.$$

4. (IMO/2004)　□$ABCD$ は凸であるとする．対角線 BD は $\angle ABC$ の 2 等分線でも $\angle CDA$ の 2 等分線でもないとする．点 P は □$ABCD$ の内部の点であり，次の条件をみたす：

$$(\angle PBC) = (\angle DBA), \qquad (\angle PDC) = (\angle BDA).$$

□$ABCD$ がある円周に内接するための必要十分条件は，$|AP| = |CP|$ であることを示せ．

5. (IMO/1995)　A, B, C, D は一直線上の 4 つの点で，この順序に並んでいる．線分 AC を直径とする円周と線分 BD を直径とする円周の交点を X, Y とする．直線 XY は直線 BC と点 Z で交わる．P を直線 XY 上の点で，Z と異なる点とする．線分 AC を直径とする円周と直線 CP との交点を C, M，線分 BD を直径とする円周と直線 BP との交点を B, N とする．このとき，3 本の直線 AM, DN, XY は 1 点で交わることを証明せよ．

6. (IMO/1995)　$ABCDEF$ は凸六角形で，次をみたす：

$|AB| = |BC| = |CD|$, $\quad |DE| = |EF| = |FA|$, $\quad (\angle BCD) = (\angle EFA) = 60°$.

G, H は六角形 $ABCDEF$ の内部の点で，$(\angle AGB) = (\angle DHE) = 120°$ とする．

このとき，次を証明せよ：

$$|AG| + |GB| + |GH| + |DH| + |HE| \geq |CF|.$$

7. (JJMO/2014 本選)　$\triangle ABC$ は，$(\angle BAC) = 60°$ である．$\angle ABC$ の 2 等分線と辺 AC との交点を P とし，$\angle ACB$ の 2 等分線と辺 AB との交点を Q とする．このとき，直線 PQ に関して A と対称な点は直線 BC 上にあることを示せ．

第6章 メネラウスの定理とチェバの定理

 表題のメネラウスの定理とチェバの定理は高等学校の「数学 A」で取り上げていますが，ここまでの範囲が数学オリンピックの幾何分野の基本範囲となっています．まず，メネラウスの定理とチェバの定理を記述してみましょう．

メネラウスの定理

 $\triangle ABC$ の3辺 AB, BC, CA 上かまたはその延長上に，それぞれ，点 P, Q, R をとると，

$$P, Q, R \text{ が同一直線上にある} \implies \frac{|AP|}{|PB|} \cdot \frac{|BQ|}{|QC|} \cdot \frac{|CR|}{|RA|} = 1. \qquad (*)$$

 逆に，3点 P, Q, R のすべてまたは1点だけが辺の延長上にあり，$(*)$ ならば，3点 P, Q, R は同一直線上にある．

チェバの定理

 $\triangle ABC$ の3辺 AB, BC, CA 上かまたはその延長上に，それぞれ，点 P, Q, R をとると，

$$3\text{直線 } AQ, BR, CP \text{ が1点で交わる} \implies \frac{|AP|}{|PB|} \cdot \frac{|BQ|}{|QC|} \cdot \frac{|CR|}{|RA|} = 1. \qquad (**)$$

逆に，3点 P, Q, R のすべてまたは1点だけが辺上にあり，$(**)$ ならば，3直線 AQ, BR, CP は1点で交わるか平行である．

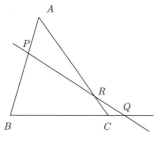
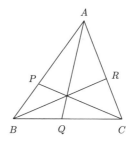

図1

|参考| 上の (*), (**) では,

$$\frac{|AP|}{|PB|} \cdot \frac{|BQ|}{|QC|} \cdot \frac{|CR|}{|RA|}$$

と考えると覚えやすい.

|覚書| メネラウス (Menelaus) は AD98 年頃, アレキサンドリアにいた天文学者であり,『球面論』を著した幾何学者としても有名である.

チェバ (G.Ceva, AD1647–1734) はイタリアの数学者. チェバの定理は 1678 年の発見であり, メネラウスの定理とは約 1600 年の隔たりがある. 結果の式は同じであるが, 3 点 P, Q, R のうち, 辺の外分点であるものの個数が次のように異なっている:

　　メネラウス……1 か 3 (奇数) 　　　　チェバ……0 か 2 (偶数)

例題

例題1 (メネラウスの定理) 1 つの直線が $\triangle ABC$ の 3 辺 AB, BC, CA またはその延長と, それぞれ, P, Q, R で交われば, 次が成り立つことを証明せよ:
$$\frac{|AP|}{|PB|} \cdot \frac{|BQ|}{|QC|} \cdot \frac{|CR|}{|RA|} = 1.$$

証明1 頂点 C を通り, 直線 PQ に平行な直線を引き, 辺 AB との交点を D

とする．

$PQ \mathbin{/\mkern-3mu/} DC$ より，$\dfrac{|BQ|}{|QC|} = \dfrac{|BP|}{|PD|}$.

$PR \mathbin{/\mkern-3mu/} DC$ より，$\dfrac{|CR|}{|RA|} = \dfrac{|DP|}{|PA|}$.

よって，

$$\dfrac{|AP|}{|PB|} \cdot \dfrac{|BQ|}{|QC|} \cdot \dfrac{|CR|}{|RA|} = \dfrac{|AP|}{|PB|} \cdot \dfrac{|BP|}{|PD|} \cdot \dfrac{|DP|}{|PA|} = 1.$$

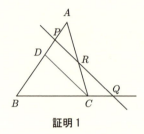
証明1

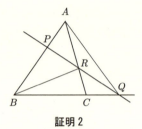
証明2

証明2 $\triangle QBR$ と $\triangle QCR$ において，辺 QR が共通だから，

$$\dfrac{[\triangle QBR]}{[\triangle QCR]} = \dfrac{|BQ|}{|QC|}.$$

同様に，

$$\dfrac{[\triangle RCQ]}{[\triangle RAQ]} = \dfrac{|CR|}{|RA|}, \qquad \dfrac{[\triangle QAR]}{[\triangle QBR]} = \dfrac{|AP|}{|PB|}.$$

ゆえに，

$$\dfrac{|AP|}{|PB|} \cdot \dfrac{|BQ|}{|QC|} \cdot \dfrac{|CR|}{|RA|} = \dfrac{[\triangle QAR]}{[\triangle QBR]} \cdot \dfrac{[\triangle QBR]}{[\triangle QCR]} \cdot \dfrac{[\triangle RCQ]}{[\triangle RAQ]} = 1.$$

例題2 (メネラウスの定理の逆) $\triangle ABC$ の3辺 AB, BC, CA またはその延長上に，それぞれ，点 P, Q, R があり，この3点のうち，辺の延長上にある点の個数が1か3であるとする．このとき，

$$\dfrac{|AP|}{|PB|} \cdot \dfrac{|BQ|}{|QC|} \cdot \dfrac{|CR|}{|RA|} = 1$$

が成り立てば，3点 P, Q, R は同一直線上にあることを証明せよ．

証明 2直線 QR, AB の交点を P' とすると,メネラウスの定理より,
$$\frac{|AP'|}{|P'B|} \cdot \frac{|BQ|}{|QC|} \cdot \frac{|CR|}{|RA|} = 1.$$
これと条件式を比べると,$\dfrac{|AP'|}{|P'B|} = \dfrac{|AP|}{|PB|}$.

よって,2点 P, P' は線分 AB を同じ比に分ける点であるから,同一点である.
ゆえに,3点 P, Q, R は同一直線上にある.

例題 3 (**チェバの定理**) 点 O から $\triangle ABC$ の3頂点 A, B, C に引いた直線が,それぞれ,その対辺 BC, CA, AB またはその延長と点 Q, R, P で交われば,次が成り立つことを証明せよ:
$$\frac{|AP|}{|PB|} \cdot \frac{|BQ|}{|QC|} \cdot \frac{|CR|}{|RA|} = 1.$$

証明 1 $\triangle APC$ と直線 BOR, $\triangle BCP$ と直線 AOQ に,それぞれ,メネラウスの定理を使うと,
$$\frac{|AB|}{|BP|} \cdot \frac{|PO|}{|OC|} \cdot \frac{|CR|}{|RA|} = 1, \qquad \frac{|BQ|}{|QC|} \cdot \frac{|CO|}{|OP|} \cdot \frac{|PA|}{|AB|} = 1.$$
両式を辺々掛け合わせると,求める等式が得られる.

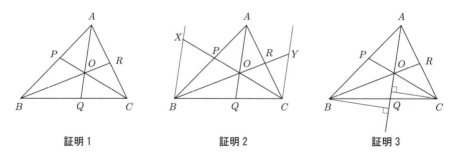

証明 1　　　　　　証明 2　　　　　　証明 3

証明 2 2頂点 B, C から AQ に平行線を引いて,直線 CP, BR と交わる点を,それぞれ,X, Y とする.$BX \parallel QA \parallel CY$ より,
$$\frac{|BQ|}{|QC|} = \frac{|BO|}{|OY|} = \frac{|BX|}{|CY|}, \qquad \frac{|CR|}{|RA|} = \frac{|CY|}{|OA|}, \qquad \frac{|AP|}{|PB|} = \frac{|AO|}{|BX|}.$$
よって,

$$\frac{|AP|}{|PB|} \cdot \frac{|BQ|}{|QC|} \cdot \frac{|CR|}{|RA|} = \frac{|AO|}{|BX|} \cdot \frac{|BX|}{|CY|} \cdot \frac{|CY|}{|OA|} = 1.$$

証明 3 $\triangle ABO$, $\triangle AOC$ について, 底辺 AO が共通だから,

$$\frac{|BQ|}{|QC|} = \frac{[\triangle ABO]}{[\triangle AOC]}.$$

同様にして, 次を得る:

$$\frac{|CR|}{|RA|} = \frac{[\triangle BCO]}{[\triangle BOA]}, \qquad \frac{|AP|}{|PB|} = \frac{[\triangle CAO]}{[\triangle COB]}.$$

これらの 3 式を辺々掛け合わせると, 求める等式が得られる.

注 チェバの定理を証明するときには, 点 O の位置を 1 つ指定して証明すればよいが, 点 O がどこにあっても成り立つことに言及した方がよい. 実際, O が $\triangle ABC$ の外部にある場合の図を描いてごらん.

例題 4(チェバの定理の逆) $\triangle ABC$ の 3 辺 AB, BC, CA またはその延長上に, それぞれ, 点 P, Q, R をとり, これら 3 点のうち, 辺の延長上にある点の個数が 0 か 2 である. このとき,

$$\frac{|AP|}{|PB|} \cdot \frac{|BQ|}{|QC|} \cdot \frac{|CR|}{|RA|} = 1$$

が成り立てば, 3 直線 AQ, BR, CP は

 (1) 1 点で交わる,

または

 (2) 平行である.

証明 2 直線 BR, CP が交わる場合, その交点を G とし, 直線 AG, BC の交点を Q' とする. チェバの定理より,

$$\frac{|AP|}{|PB|} \cdot \frac{|BQ'|}{|Q'C|} \cdot \frac{|CR|}{|RA|} = 1$$

を得る. これと, 条件式を比べると,

$$\frac{|BQ'|}{|Q'C|} = \frac{|BQ|}{|QC|}.$$

よって, Q と Q' は辺 BC を同じ比に分割するから, 一致する. したがって, 3

第6章 メネラウスの定理とチェバの定理　89

直線 AQ, BR, CP は 1 点 G で交わる.

2 直線 CP, AQ が交わる場合も, 2 直線 AQ, BR が交わる場合も同じである.
したがって, AQ, BR, CP のどの 2 本も交わらない場合が残り (2) となる.

> **注** メネラウスの定理とチェバの定理は, 結果の式は同じであるが, 逆の場合
> に若干事情が異なる. チェバの定理の逆では, 1 点で交わる場合のほかに平行の場
> 合もおこることに注意する.

例題 5 (ニュートン線)　□$ABCD$ の辺 BA, CD の延長が点 E で, 辺
BC, AD の延長が点 F で交わるとき, 線分 AC, BD, EF の中点は同
一直線上にあることを証明せよ.

証明　線分 AC, BD, EF の中点を, それぞれ, P, Q, R とし, 辺 BC, CE, EB
の中点を, それぞれ, L, M, N とすると, 直線 LM, MN, NL は, それぞ
れ, P, Q, R を通る (次ページの図参照). 3 点が一直線上にあることを示すに
は, $\triangle LMN$ と直線 QPR にメネラウスの定理の逆を使って, 次式が成り立つこ
とを示せばよい:

$$\frac{|LP|}{|PM|} \cdot \frac{|MR|}{|RN|} \cdot \frac{|NQ|}{|QL|} = 1. \qquad ①$$

$\triangle EBC$ と直線 ADF にメネラウスの定理を使うと,

$$\frac{|EA|}{|AB|} \cdot \frac{|BF|}{|FC|} \cdot \frac{|CD|}{|DE|} = 1. \qquad ②$$

ここで, P, Q, R, L, M, N は各々中点であるから,

$$|LP| = \frac{1}{2}|AB|, \quad |MR| = \frac{1}{2}|FC|, \quad |NQ| = \frac{1}{2}|DE|,$$

$$|PM| = \frac{1}{2}|EA|, \quad |RN| = \frac{1}{2}|BF|, \quad |QL| = \frac{1}{2}|CD|.$$

これらを②に代入して,

$$\frac{|EA|}{|AB|} \cdot \frac{|BF|}{|FC|} \cdot \frac{|CD|}{|DE|} = \frac{|PM|}{|LP|} \cdot \frac{|RN|}{|MR|} \cdot \frac{|QL|}{|NQ|} = 1.$$

よって, ①が示されたので, 3 つの中点 P, Q, R は一直線上にある.

> **参考**　この直線 PQR は, 1685 年ニュートン (I. Newton, 1642–1727) により発見
> されたとも, 1810 年ガウス (C. F. Gauss, 1777–1855) により発見されたともいわれ

ているので，この直線をニュートン線またはガウス線という．

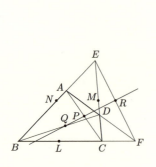

例題5の図

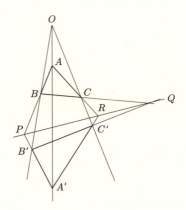

例題6の図

例題 6 (デザルグの定理)　△ABC と △A'B'C' について，3 直線 AA', BB', CC' が 1 点 O で交わるとする．2 直線 AB と A'B'，2 直線 BC と B'C'，2 直線 CA と C'A' の交点を，それぞれ，P, Q, R とするとき，これら 3 点は一直線上にあることを証明せよ (上右図参照)．

証明　△OAB と直線 A'B'P にメネラウスの定理を適用して，

$$\frac{|OA'|}{|A'A|} \cdot \frac{|AP|}{|PB|} \cdot \frac{|BB'|}{|B'O|} = 1. \qquad ①$$

同様に，△OBC と直線 B'C'Q，△OAC と直線 RC'A' にメネラウスの定理を適用して，

$$\frac{|OB'|}{|B'B|} \cdot \frac{|BQ|}{|QC|} \cdot \frac{|CC'|}{|C'O|} = 1, \qquad ②$$

$$\frac{|OA'|}{|A'A|} \cdot \frac{|AR|}{|RC|} \cdot \frac{|CC'|}{|C'O|} = 1. \qquad ③$$

①，②と③の逆数を辺々掛け合わせると，

$$\frac{|AP|}{|PB|} \cdot \frac{|BQ|}{|QC|} \cdot \frac{|CR|}{|RA|} = 1.$$

P, Q, R はすべて辺 BC, CA, AB の延長上にあるから，メネラウスの定理の

第 6 章　メネラウスの定理とチェバの定理　　91

逆より，3 点 P, Q, R は一直線上にある.

例題 7（デザルグの定理の逆）　$\triangle ABC$, $\triangle A'B'C'$ について，2 直線 AB と $A'B'$，2 直線 BC と $B'C'$，2 直線 CA と $C'A'$ の交点を，それぞれ，P, Q, R とする．3 点 P, Q, R が同一直線上にあるならば，3 直線 AA', BB', CC' は 1 点で交わる.

証明　3 点 P, Q, R が一直線上にあるから，$\triangle AA'P$, $\triangle CC'Q$ において，対応する頂点を結ぶ 3 直線 AC, $A'C'$, PQ は 1 点 R で交わる.

2 直線 AA' と CC' の交点を O とすると，2 直線 $A'P$ と $C'Q$，2 直線 PA と QC は，それぞれ，B', B で交わるから，デザルグの定理より，3 点 B, B', O は同一直線上にある．よって，3 直線 AA', BB', CC' は 1 点 O で交わる.

> **参考**　上の 2 つの定理は，1648 年にデザルグ (G. Desargues) が発見した定理で，「射影幾何学」の基礎となる大切なものである．点と線から成る 2 つの図形の間に対応がつけられて，対応する点を結んだ直線が同一点 O を通るとき，2 つの図形は点 O を中心として**配景の位置**にあるという．また，対応する直線の交点が同一直線 ℓ 上にあるとき，2 つの図形は直線 ℓ を軸として**配景の位置**にあるという．射影幾何の精神からいうと，デザルグの定理とその逆は，2 つの三角形について，
>
> 　1 点を中心として配景の位置にある $\Longleftrightarrow$ 1 直線を軸として配景の位置にある
>
> と述べることができる．なお，2 つの三角形が 1 点 O を中心として配景の位置にあり，その対応する 3 組の辺のうち 2 組がそれぞれ平行ならば，残りの 1 組の辺も平行である．この場合が，第 2 章で述べた点 O を中心とする**相似の位置**である.

例題 8（シムソンの定理）　$\triangle ABC$ とその外部に 1 点 P がある．P から 3 直線 AB, BC, CA に下ろした垂線の足を，それぞれ，D, E, F とする.

　P が $\triangle ABC$ の外接円上にある $\Longleftrightarrow$ 3 点 D, E, F は同一直線上にある.

証明　（$\Longrightarrow$ の証明）　$\triangle ABC$ の外接円を Γ とする．点 P は弧 BC 上にある場合に証明すれば十分である.

$(\angle BDP) = (\angle BEP) = 90°$ だから，円周角の定理の逆により，4 点 B, P, E, D

は(線分 BP を直径とする)同一円周上にあるので,円周角の定理により,
$$(\angle BED) = (\angle BPD). \qquad ①$$
同様に,
$$(\angle CEF) = (\angle CPF). \qquad ②$$
□ABPC は Γ に内接しているから,内接四角形の定理より,
$$(\angle PBD) = (\angle PCF).$$
さらに,$(\angle PDB) = (\angle PFC) = 90°$ であるから,直角三角形の相似条件により,$\triangle BPD \sim \triangle CPF$ であるから,
$$(\angle BPD) = (\angle CPF). \qquad ③$$

①,②,③より,$(\angle BED) = (\angle CEF)$ だから,$(\angle DEF) = 180°$ となり,3 点 D, E, F は同一直線上にある.

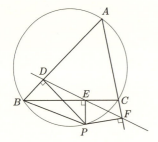 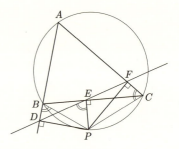

(⇐= の証明) ほとんど上の逆を辿るだけである(上右図参照).

$(\angle PDB) = (\angle PEB) = 90°$ より,4 点 P, E, D, B は(線分 PB を直径とする)同一円周上にある.よって,
$$(\angle DBP) = (\angle DEP). \qquad ①$$

同様に,4 点 P, C, F, E は同一円周上にあり,3 点 D, E, F は同一直線上にあるから,
$$(\angle DEP) = (\angle FCP). \qquad ②$$

①,②より,$(\angle DBP) = (\angle FCP)$.

よって,4 点 A, B, P, C は同一円周上にある.つまり,点 P は $\triangle ABC$ の外

接円上にある.

参考　上の定理で，3 点 D, E, F を通る直線は，$\triangle ABC$ の点 P に関する**シムソン線** (R. Simson, 1687–1768) という名で知られている.

例題 9 (パップスの定理)　相異なる 2 直線 ℓ, m があって，ℓ 上に 3 点 A, C, E が，m 上に 3 点 B, D, F があり，これらを結ぶ 6 本の線分 AB, BC, CD, DE, EF, FA がある．3 組の直線 AB と DE，BC と EF，CD と AF が，それぞれ，1 点 P, Q, R で交わるとすれば，3 点 P, Q, R は同一直線上にある．

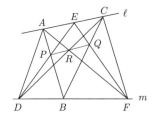 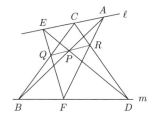

注　パップス (Pappus) は紀元 300 年頃，ギリシャ，アレキサンドリアで活躍した古代最後の偉大な数学者．この定理は，純粋な結合の命題であって，長さや角の大きさなどには関係なく，また頂点の順序にさえ関係がない．上の図には，2 つの場合が示してある．無限遠点の概念を導入すると，定理の中の「交わるとすれば」の条件もとれて，射影幾何の世界に入る (以下の証明では上左図を参照)．

証明　$\triangle PAD$ と $\triangle PAF$ は底辺 PA が共通，また $\triangle QCD$ と $\triangle QCF$ も底辺 QC が共通だから，

$$[\triangle PAD] : [\triangle PAF] = |DB| : |BF|, \quad [\triangle QCD] : [\triangle QCF] = |DB| : |BF|.$$

これら 2 つの式から，

$$[\triangle PAD] : [\triangle PAF] = [\triangle QCD] : [\triangle QCF]. \qquad ①$$

同様の議論を繰り返す．$\triangle PAD$ と $\triangle PCD$ は底辺 PD が共通，$\triangle QAF$ と $\triangle QCF$ は底辺 QF が共通だから，

$[\triangle PAD] : [\triangle PCD] = |AE| : |EC|, \quad [\triangle QAF] : [\triangle QCF] = |AE| : |EC|.$

これら2つの式から，

$$[\triangle PAD] : [\triangle PCD] = [\triangle QAF] : [\triangle QCF]. \quad ②$$

①と②から，

$$[\triangle PCD] : [\triangle QCD] = [\triangle PAF] : [\triangle QAF]. \quad ③$$

ところが，$\triangle PCD$ と $\triangle QCD$ は底辺 CD が共通だから，CD と PQ の交点を S とすれば(下図左)，

$$[\triangle PCD] : [\triangle QCD] = |PS| : |SQ|. \quad ④$$

同じように，$\triangle PAF$ と $\triangle QAF$ は底辺 AF が共通だから，AF と PQ の交点を T とすれば(下図右)，

$$[\triangle PAF] : [\triangle QAF] = |PT| : |TQ|. \quad ⑤$$

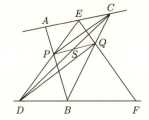 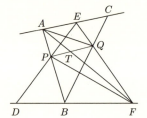

④と⑤を③に代入して，$|PS| : |SQ| = |PT| : |TQ|$.

これは，S と T が線分 PQ を同じ比に分割することを示す．図からわかるように，S, T の位置はともに内分するか，外分するかであるから，S と T は一致する．点 $S = T$ は，直線 CD と直線 AF の交点であるから，点 R とも一致する．すなわち，3点 P, Q, R は同一直線上にある．

■ 第6章 練習問題(初級) ■

1. (カルノーの定理) P を $\triangle ABC$ の外接円上の1点とする．直線 BC, CA, AB 上に，それぞれ，1点 D, E, F をとる．$(\angle PDB) = (\angle PEC) = (\angle PFB)$ ならば，3点 D, E, F は同一直線上にあることを証明せよ．

2. (JJMO/2005)　△ABC とその内部の点 P があり，

$$(\angle APB) = (\angle APC) = 130°, \qquad |PB|:|PC| = 2:3$$

が成り立っている．辺 AB, AC 上に，それぞれ，点 Q, R を，$(\angle APQ) = (\angle APR) = 80°$ となるように，とる．$|AQ|:|QB| = 4:3$ であるとき，比 $|AR|:|RC|$ を求めよ．

3. (JMO/2003 本選)　△ABC の内部に点 P をとり，直線 BP と辺 AC との交点を Q, 直線 CP と辺 AB との交点を R とする．

$$|AR| = |RB| = |CP|, \qquad |CQ| = |PQ|$$

であるとき，$\angle BRC$ の大きさを求めよ．

4.　△ABC の 3 辺 AB, BC, CA を $3:2$ に内分する点を，それぞれ，D, E, F とする．下の図のように得られる △PQR と △ABC の面積の比を求めよ．

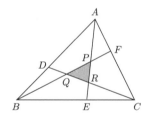

5. (パスカルの定理)　六角形 $ABCDEF$ が円周に内接している．2 直線 AB, DE が点 P で交わり，2 直線 BC, FE が点 Q で交わり，2 直線 AF, CD が点 R で交わっている．もし，次の条件 (△) をみたすならば，3 点 P, Q, R は同一直線上にあることを証明せよ．

　　(△)　六角形の頂点を共有しない 3 辺からなる直線 AB, CD, EF
　　　　（または，BC, DE, FA）が三角形をつくる．

6. (USAMO/2010)　凸五角形 $AXYZB$ は，線分 AB を直径とする円周に内接している．線分 AB の中点を O とする．点 Y から直線 AX, BX, AZ, BZ に下ろした垂線の足を，それぞれ，P, Q, R, S とする．直線 PQ と直線 RS のなす角のうちで鋭角の方の大きさは，$\frac{1}{2}(\angle XOZ)$ に等しいことを証明せよ．

第6章　練習問題 (中級)

1. (CMC/2009)　円周 Γ に，互いに交差しない 3 本の弦 AB, CD, EF がある．この中から 2 本を選んでこれらを対辺として作る 3 つの四角形の対角線の交点を，それぞれ，M, N, P とする．3 点 M, N, P は同一直線上にあることを証明せよ．

2. (IMO/2005)　凸四角形 $ABCD$ があり，$|BC| = |AD|$ かつ辺 BC と AD は平行でないとする．E, F は，それぞれ，辺 BC, AD 上の端点以外の点で，$|BE| = |DF|$ をみたしながら動く．2 直線 AC, BD の交点，2 直線 BD, EF の交点，2 直線 EF, AC の交点を，それぞれ，P, Q, R とおく．

点 E, F が動くとき，$\triangle PQR$ の外接円は P 以外のある定点を通ることを示せ．

3. (IMO/2010)　$\triangle ABC$ の内心を I とし，外接円を Γ とする．直線 AI が円周 Γ と再び交わる点を D とする．点 E は弧 BDC 上にあり，点 F は辺 BC 上にあり，次をみたす：

$$(\angle BAF) = (\angle CAE) < \frac{1}{2}(\angle BAC).$$

線分 IF の中点を G とする．このとき，直線 DG と直線 EI は円周 Γ 上で交わることを証明せよ．

4. (JMO/2013本選)　$\triangle ABC$ は鋭角三角形で，その垂心を H とする．点 B, C を通る円周 Γ と線分 AH を直径とする円周 ω が異なる 2 点 X, Y で交わっている．A から直線 BC に下ろした垂線の足を D とし，D から直線 XY に下ろした垂線の足を K とする．このとき，$(\angle BKD) = (\angle CKD)$ が成り立つことを示せ．

5. (INDIA/TST/2008)　$\triangle ABC$ は正三角形ではないとする．Γ を $\triangle ABC$ の内接円とし，辺 BC, CA, AB との接点を，それぞれ，D, E, F とする．直線 FD, DE, EF が，それぞれ，直線 CA, AB, BC と交わる点を，順に U, V, W とする．線分 DW, EU, FV の中点を，それぞれ，L, M, N とすると，この 3 点 L, M, N は同一直線上にあることを証明せよ．

6. (Steiner–Miquel の定理)　$\square ABCD$ を凸四角形とし，直線 AB, DC は点 E で交わり，直線 AD, BC は点 F で交わるとする．$\triangle BCE$, $\triangle CDF$, $\triangle ADE$,

第6章　メネラウスの定理とチェバの定理　97

$\triangle ABF$ の外接円はある1点で交わることを証明せよ.

7. (ROMANIAN MC/TST(JBMO)/2008)　□$ABCD$ は, 2組の対辺 (AB, CD), (AD, BC) がいずれも平行ではない四角形である. A を通り直線 BD に平行な直線と直線 CD との交点を F とし, D を通り直線 AC と平行な直線と直線 AB との交点を E とする. M, N, P, Q を, それぞれ, 線分 AC, BD, AF, DE の中点とするとき, 3直線 MN, PQ, AD は1点で交わる (共点である) ことを証明せよ.

■■ 第6章　練習問題 (上級) ■■

1. (ブリアンションの定理)　円周に外接する六角形 $ABCDEF$ の相対する頂点を結ぶ3つの対角線は1点で交わることを証明せよ.

2. (JMO/1992 本選)　面積1の $\triangle ABC$ の辺 AB, AC 上の点を, それぞれ, D, E とし, 線分 BE, CD の交点を P とする. □$BCED$ の面積が $\triangle PBC$ の面積の2倍に等しいという条件をみたしながら点 D, E が辺 AB, AC 上を動くとき, $\triangle PDE$ の面積の最大値を求めよ.

3. (JMO/2014 予選)　□$ABCD$ は正方形で, その対角線の交点を O とする. 線分 OA, OB, OC, OD 上に, それぞれ, 点 P, Q, R, S があり, $|OP| = 3$, $|OQ| = 5$, $|OR| = 4$ をみたしている. 直線 AB と直線 PQ の交点, 直線 BC と直線 QR の交点, 直線 CD と直線 RS の交点が同一直線上にあるとき, 線分 OS の長さを求めよ.

4. (ROMANIAN MC/TST/2007)　$\triangle ABC$ は, $(\angle A) = 90°$ なる直角三角形で, D は辺 AC 上の点である. 直線 BD に関して点 A と対称な点を E とし, D から直線 CB に下ろした垂線と直線 CE との交点を F とする. このとき, 3直線 AF, DE, CB は1点で交わることを示せ.

5. (AUSTRALIAN MO/2002)　三角形の頂点を通る直線が「被除線」であるとは, それがその三角形を周長が相等しい2つの三角形に分割する場合をいう.
　$\triangle ABC$ において, その3本の被除線は1点で交わることを証明せよ.

第7章　幾何的不等式

　不等式のうちで，線分の長さ・角の大きさ・領域の面積等々の幾何的な数量に関するものを「幾何(学)的不等式」といいます．ジュニア数学オリンピックでは，幾何的不等式の問題はそれほど多くはありませんが，平面幾何の定理をきちんと理解するためにも，重要な視点を与えてくれます．

　まず，ここで使う基本的な不等式を列挙してみよう．

定理1　平面や空間において，与えられた2点を結ぶ道の長さのなかで，それらを結ぶ線分が最小である．

　注　ある舞台で2点間の距離の測り方が指定されたとき，最短の距離を与える道をその2点を結ぶ「線分」という．通常，平面や空間においては，逆に線分の長さによって2点間の距離を定めるが，このほかにもいくつも距離の定め方がある．球面上では，2点を結ぶ線分は，その2点を通る大円の小さい方の弧とする．

定理2　直線 ℓ とその上にない1点 P について，P から ℓ に下ろした垂線の足を Q とし，A, B を ℓ 上の点とする．

$$|AQ| < |BQ| \Longrightarrow |PQ| < |PA| < |PB|.$$

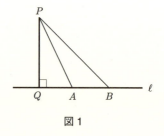

図1

　注　$|PQ|$ を，P と ℓ の距離という．

定理 3 (三角不等式) △ABC において，次が成り立つ：
$$a < b+c, \quad b < c+a, \quad c < a+b.$$
次はこれと同値である：
$$a > |b-c|, \quad b > |c-a|, \quad c > |a-b|.$$

定理 4 △ABC において，次が成り立つ：
$$(\angle B) < (\angle C) \iff |AC| = b < c = |AB|.$$

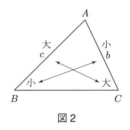

図 2

実際には，定理 4 は異なる 2 つの三角形について，次のかたちで使われることが多い：

定理 5 △ABC, △A'B'C' において，$|AB| = |A'B'|$, $|BC| = |B'C'|$ とすると，次が成り立つ：
$$(\angle ABC) < (\angle A'B'C') \iff |AC| < |A'C'|.$$

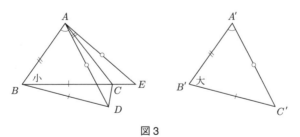

図 3

定理 6 △ABC において，辺 BC の中点を D とすると，次が成り立つ：
$$2|AD| < |AB| + |AC|.$$

また，$|AB| < |AC|$ ならば，$(\angle BAD) > (\angle CAD)$．
さらに，辺 CA, AB の中点を，それぞれ，E, F とすると，$|BE| < |CF|$．

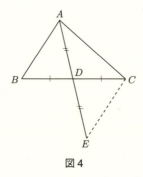

図 4

> **参考** (中線定理, パップスの定理)　中線の長さについては, 次式が成り立つ:
> $$|AB|^2 + |AC|^2 = 2(|AD|^2 + |BD|^2).$$

> **定理 7** (トレミーの不等式)　凸四角形 □ABCD について, 次が成り立つ:
> $$|AB| \cdot |CD| + |BC| \cdot |DA| \geq |AC| \cdot |BD|.$$

特に, 等号が成り立つための必要十分条件は, □ABCD がある円周に内接する場合である. (この場合をトレミーの定理ということが多い.)

> **定理 8** (相加平均・相乗平均の関係)
> $a > 0, b > 0$ のとき,
> $$\frac{2}{\frac{1}{a} + \frac{1}{b}} \leq \sqrt{ab} \leq \frac{a+b}{2} \leq \sqrt{\frac{a^2+b^2}{2}}.$$

等号が成り立つのは, すべて $a = b$ のときである.

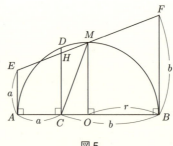

図 5

参考 n 個の実数 $a_1, a_2, \cdots, a_n > 0$ について，次のような平均が定義される：

相加平均 (算術平均)(Arithmetic Mean)： $A_n = \dfrac{a_1 + a_2 + \cdots + a_n}{n}$,

相乗平均 (幾何平均)(Geometric Mean)： $G_n = \sqrt[n]{a_1 a_2 \cdots a_n}$,

調和平均 (Harmonic Mean)： $H_n = \dfrac{n}{\dfrac{1}{a_1} + \dfrac{1}{a_2} + \cdots + \dfrac{1}{a_n}}$,

平方平均 (Root-Mean of Squares)： $R_n = \sqrt{\dfrac{a_1^2 + a_2^2 + \cdots + a_n^2}{n}}$.

そして，これらの間には次の大小関係が成り立つ：

$$H_n \leq G_n \leq A_n \leq R_n.$$

例 題

例題 1 凸四角形 $ABCD$ の辺 AB, CD の中点を，それぞれ，M, N とすると，次が成り立つ：
$$|MN| \leq \frac{1}{2}(|AD| + |BC|).$$

解答 対角線 BD の中点を L とすると，三角形の中点連結定理より，
$$|ML| = \frac{1}{2}|AD|, \qquad |NL| = \frac{1}{2}|BC|.$$
よって，$|MN| \leq |ML| + |NL| = \dfrac{1}{2}(|AD| + |BC|)$.

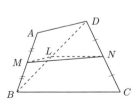

例題 1 の図

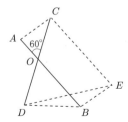

例題 2 の図

注 $AD /\!/ BC$ のとき，等号が成り立ち，台形に関する中点連結定理とよばれる.

例題 2 (RUSMO/1993) AB, CD を平面上の長さ 1 の線分とする. これらが 1 点 O で交叉し，$(\angle AOC) = 60°$ ならば，$|AC| + |BD| > 1$ である.

解答 C を通り，AB に平行に引いた直線上に点 E を，$|AB| = |CE|$，□$ABEC$ は平行四辺形となるように選ぶ (上右図参照). すると，

$$|CE| = |AB| = |CD| = 1, \qquad (\angle DCE) = (\angle DOB) = (\angle AOC) = 60°$$

だから，$\triangle CDE$ は正三角形である. $\triangle BDE$ に三角不等式を適用して，

$$|AC| + |BD| = |BE| + |BD| > |DE| = |CD| = 1.$$

例題 3 $\triangle ABC$ において，$|AB| \leq |AC|$ とし，辺 AB 上に点 D を，辺 AC の C をこえた延長上に点 E をとる. $|BD| = |CE|$ ならば，$|BC| < |DE|$ である.

解答 $|AE| > |AC| \geq |AB|$ であるから，定理 4 により，$(\angle ABE) > (\angle AEB)$ である. よって，$(\angle DBE) > (\angle CEB)$ である. (次ページ左図参照)

$\triangle DBE, \triangle CEB$ において，

$$|BD| = |CE|, \quad |BE| = |EB|, \quad (\angle DBE) > (\angle CEB)$$

であるから，定理 5 により，$|DE| > |BC|$ である.

例題 4 $\triangle ABC$ の外接円 Γ の弧 BC の中点を M とすれば，$|AB| + |AC| < 2|AM|$ である.

解答 辺 AC の C をこえた延長上に点 P を $|CP| = |AB|$ であるようにとる. M は弧 BC の中点であるから，$|CM| = |BM|$.

また内接四角形の定理より，$(\angle MCP) = (\angle MBA)$.
よって，$\triangle CMP \equiv \triangle BMA$. したがって，$|MP| = |MA|$.
$\triangle AMP$ において，

$$|AC| + |CP| = |AP| < |AM| + |MP|, \quad |MP| = |AM|, \quad |CP| = |AB|$$

であるから，$|AB| + |AC| < 2|AM|$.

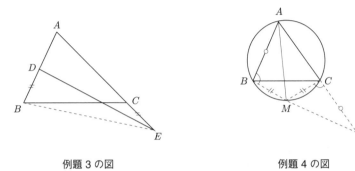

例題 3 の図　　　　　　　　　　例題 4 の図

例題 5　$\triangle ABC$ において，$|AB| > |AC|$ とし，$\angle B$, $\angle C$ の 2 等分線が，それぞれ，辺 AC, AB と交わる点を D, E とすれば，$|BD| > |CE|$ である．

解答　BD, CE の交点を P とすれば，P は $\triangle ABC$ の内心である．$|AB| > |AC|$ から，$(\angle C) > (\angle B)$ である．よって，

$$(\angle PCB) > (\angle PBC), \tag{1}$$
$$(\angle ACP) > (\angle ABP). \tag{2}$$

(2) より，線分 AE 上に点 G を，$(\angle ECG) = (\angle ABP)$ となるようにとる．CG と BD の交点を F とする．条件から，$(\angle ECG) = (\angle ABP) = (\angle GBF)$.

この不等式に $(\angle PCB) > (\angle PBC)$ を辺々加えて，$(\angle GCB) > (\angle GBC)$.
よって，定理 4 より，$|GB| > |GC|$.

$\triangle GBF$ と $\triangle GCE$ において，$(\angle GBF) = (\angle GCE)$, $(\angle BGF) = (\angle EGC)$ であるから，$\triangle GBF \sim \triangle GCE$.

よって，$|BF| : |CE| = |GB| : |GC|$. また，$|GB| > |GC|$ だから，$|BF| > |CE|$.

ところで，F は線分 PD 上にあるから，$|BD| > |BF|$. よって，$|BD| > |CE|$.

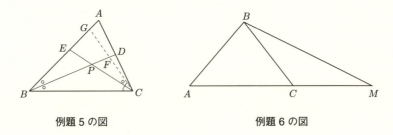

例題 5 の図　　　　　　　　例題 6 の図

例題 6. (KIEV/1967)　$\triangle ABC$ において，$|AC| > |BC|$ である．辺 AC の延長上に点 M を $|CM| = |BC|$ となるように選べば，$(\angle ABM) > 90°$ である．

解答　$|AC| > |BC|$ より，$(\angle ABC) > (\angle BAC)$ である．すると，次が成り立つ：

$$(\angle ABM) = (\angle ABC) + (\angle CBM)$$
$$= \frac{1}{2}(\angle ABC) + \frac{1}{2}(\angle ABC) + \frac{1}{2}(\angle ACB)$$
$$= \frac{1}{2}(\angle ABC) + \frac{1}{2}(180° - (\angle BAC))$$
$$= \frac{1}{2}((\angle ABC) - (\angle BAC)) + 90° > 90°.$$

例題 7 (USAMO/1996)　平面上の $\triangle ABC$ に対して，次のような直線 ℓ が存在することを証明せよ：$\triangle ABC$ と ℓ に関するその鏡像 $A'B'C'$ との共通部分の面積が $\triangle ABC$ の面積の $\frac{2}{3}$ よりも大きい．

解答　$|BC| = a$, $|CA| = b$, $|AB| = c$ とする．$a \leq b \leq c$ と仮定しても一般性を失わない．

$\angle A$ の 2 等分線を ℓ とし，ℓ と辺 BC の交点を D とする．ℓ に関して B, C と対称な点を，それぞれ，B', C' とする．$c \geq b$ より，C' は辺 AB 上にあり，B' は

辺 AC の延長上にある (下左図参照).

次が成り立つ：

$$[\triangle BDC'] = \frac{|BC'|}{|AB|} \cdot \frac{|BD|}{|BC|} \cdot [\triangle ABC]$$
$$= \frac{c-b}{c} \cdot \frac{c}{b+c}[\triangle ABC] = \frac{c-b}{b+c}[\triangle ABC].$$

仮定から，$2b \geq a+b > c$ だから，$\frac{b}{c+b} > \frac{b}{2b+b} = \frac{1}{3}$ が成り立つ．よって，

$$[\square AC'DC] = \left(1 - \frac{c-b}{c+b}\right)[\triangle ABC] = \frac{2b}{c+b}[\triangle ABC] > \frac{2}{3}[\triangle ABC].$$

したがって，$\angle A$ の 2 等分線 ℓ は条件をみたす．

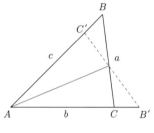

例題 7 の図 　　　　　　　　　例題 8 の図

例題 8 (トレミーの不等式)　凸四辺形 $\square ABCD$ について，次が成り立つ：

$$|AB| \cdot |CD| + |AD| \cdot |BC| \geq |AC| \cdot |BD|.$$

等号は，$\square ABCD$ がある円周に内接する場合にのみ成立する．（この場合を，トレミーの定理ということが多い．）

解答　$\angle BAD$ の内部に，直線 AE を，$(\angle BAE) = (\angle CAD)$ をみたすようにとり，直線 AE 上の点 E を $(\angle ABE) = (\angle ACD)$ をみたすように定めると，$\triangle ABE \sim \triangle ACD$ であるから，

$$|AB| : |AC| = |BE| : |CD|, \qquad |AB| \cdot |CD| = |AC| \cdot |BE|. \qquad (1)$$
$$|AB| : |AC| = |AE| : |AD|, \qquad |AB| \cdot |AD| = |AC| \cdot |AE|. \qquad (2)$$

また，$(\angle BAE) = (\angle CAD)$ の両辺に $(\angle EAC)$ を加えて，

$$(\angle BAC) = (\angle EAD). \tag{3}$$

(2), (3) から，$\triangle ABC \sim \triangle AED$ だから，

$$|BC| : |ED| = |AC| : |AD|, \qquad |AD| \cdot |BC| = |AC| \cdot |ED|. \tag{4}$$

(1), (4) から，

$$|AB| \cdot |CD| + |AD| \cdot |BC| = |AC| \cdot (|BE| + |ED|). \tag{5}$$

ところが，$\triangle BDE$ において，

$$|BE| + |ED| \geq |BD| \tag{6}$$

だから，

$$|AC| \cdot (|BE| + |ED|) \geq |AC| \cdot |BD|. \tag{7}$$

(7) を (5) に代入して，$|AB| \cdot |CD| + |AD| \cdot |BC| \geq |AC| \cdot |BD|$.

等号が成り立つのは，(6) で等号が成り立つ場合，すなわち，E が線分 BD 上にある場合であるが，このとき，$(\angle ABD) = (\angle ABE) = (\angle ACD)$ であるから，$\square ABCD$ は円周に内接する.

例題 9 (CROATIA/2004)　$\triangle ABC$ において，次の不等式が成り立つことを示せ.

ただし，$|BC| = a$, $|CA| = b$, $|AB| = c$ とする.

$$\frac{\cos(\angle A)}{a^3} + \frac{\cos(\angle B)}{b^3} + \frac{\cos(\angle C)}{c^3} \geq \frac{3}{2abc}.$$

解答　余弦法則と $x > 0$ について成立する不等式 $x + \dfrac{1}{x} \geq 2$ より，以下の計算ができる：

$$\frac{\cos(\angle A)}{a^3} + \frac{\cos(\angle B)}{b^3} + \frac{\cos(\angle C)}{c^3}$$

$$= \frac{b^2 + c^2 - a^2}{2a^3 bc} + \frac{c^2 + a^2 - b^2}{2b^3 ca} + \frac{a^2 + b^2 - c^2}{2c^3 ab}$$

$$= \frac{1}{2abc}\left[\left(\left(\frac{a}{b}\right)^2 + \left(\frac{b}{a}\right)^2\right) + \left(\left(\frac{b}{c}\right)^2 + \left(\frac{c}{b}\right)^2\right) + \left(\left(\frac{c}{a}\right)^2 + \left(\frac{a}{c}\right)^2\right) - 3\right]$$

$$\geq \frac{1}{2abc}(2 + 2 + 2 - 3) = \frac{3}{2abc}.$$

第7章 幾何的不等式 107

第7章 練習問題 (初級)

1. $\triangle ABC$ とその内部の点 P について, 次を示せ:

$$|AB| + |AC| > |PB| + |PC|.$$

2. $\triangle ABC$ とその内部の点 P について, 次を示せ:

$$\frac{1}{2}(|AB| + |BC| + |CA|) < |PA| + |PB| + |PC| < |AB| + |BC| + |CA|.$$

3. $\triangle ABC$ において, $\angle A$ の2等分線と辺 BC との交点を D とすると, $|AB| > |BD|$, $|AC| > |CD|$ であることを示せ.

4. $\triangle ABC$ の辺 AB 上に点 P を, 辺 AC 上に点 Q を, $|BP| = |CQ|$ となるようにとると, $|PQ| < |BC|$ であることを示せ.

5. $\triangle ABC$ の辺 BC 上に2点 D, E を $|BD| = |CE|$ となるようにとると, $|AB| + |AC| > |AD| + |AE|$ であることを示せ.

6. (BMO/1967) $\triangle ABC$ において, $(\angle C) > (\angle B)$ である. 頂点 B, C から対辺 CA, AB に下ろした垂線の足を, それぞれ, E, F とする. $|AB| + |CF| > |AC| + |BE|$ であることを証明せよ.

7. $\triangle ABC$ を鋭角三角形とし, $a = |BC|$, $b = |CA|$, $c = |AB|$ とする. 頂点 A, B, C から対辺 BC, CA, AB に下ろした垂線の足を, それぞれ, D, E, F とし, $h_a = |AD|$, $h_b = |BE|$, $h_c = |CF|$ とする. 次の不等式を証明せよ:

$$\frac{1}{2}(a + b + c) < h_a + h_b + h_c < a + b + c.$$

8. (MOSCOW/1974) 長さ a, b, c の3本の線分で三角形を構成することができるとき, 長さ $\dfrac{1}{a+b}$, $\dfrac{1}{b+c}$, $\dfrac{1}{c+a}$ の3本の線分でもまた三角形を構成できることを証明せよ.

9. (CHINA/1994) 平面上に n 本の直線がある. これらの直線はどの2本も互いに1点で交叉する. これらの直線がなす角の中には, $\dfrac{180°}{n}$ より大きくはないものが, 少なくとも1つ存在することを証明せよ.

10. (RUSMO/1983) $\triangle ABC$ において，D を辺 AB の中点とし，E, F を，それぞれ，辺 AC, BC 上の点とする．このとき，$\triangle DEF$ の面積は，$\triangle ADE$ の面積と $\triangle BDF$ の面積の和よりも大きくはないことを証明せよ．

11. (ROMANIAN MC/TST/2005) $\triangle ABC$ において，G をその重心とする．$|BC| > |CA| > |AB|$ のとき，次の不等式を証明せよ：

$$(\angle GCA) + (\angle GBC) < (\angle ABC) < (\angle GAC) + (\angle GBA).$$

■ ■ 第7章　練習問題 (中級) ■ ■

1. (KIEV/1969)　3 辺の長さが $1, \sqrt{5}, 1+\sqrt{5}$ であるような三角形は存在するか？

2. (RUSMO/1981)　$\triangle ABC$ の辺 AB, BC, CA 上に，それぞれ，点 C_1, A_1, B_1 があり，次の条件をみたす：

$$\frac{|AC_1|}{|C_1B|} = \frac{|BA_1|}{|A_1C|} = \frac{|CB_1|}{|B_1A|} = \frac{1}{3}.$$

このとき，$\triangle ABC$ の周長 P と $\triangle A_1B_1C_1$ の周長 p は，次の不等式をみたすことを証明せよ：

$$\frac{P}{2} < p < \frac{3}{4}P.$$

3. (RUSMO/1989)　$\triangle ABC$ において，$|BC| = a$, $|CA| = b$, $|AB| = c$ とする．

$a + b + c = 1$ ならば，次の不等式が成立することを証明せよ：

$$a^2 + b^2 + c^2 + 4abc < \frac{1}{2}.$$

4. (IREMO/2003)　$\triangle ABC$ において，$|BC| = a$, $|CA| = b$, $|AB| = c$ とする．

$a + b + c = 2$ ならば，次の不等式が成立することを証明せよ：

(1)　$abc + \dfrac{28}{27} \geq ab + bc + ca,$

(2)　$ab + bc + ca \geq abc + 1.$

5. (ROMANIAN MO/TST/2003) 1辺の長さが6の正方形の中に点 A, B, C, D が与えられており，これら4点のどの2点間の距離も少なくとも5である．A, B, C, D は凸四角形を形成し，その面積は21より大きいことを証明せよ．

6. (CMC/2008) $\square ABCD$ は凸で，$(\angle B) + (\angle D) < 180°$ である．P を同じ平面上の点とする．

$$f(P) = |PA| \cdot |BC| + |PD| \cdot |CA| + |PC| \cdot |AB|$$

とおく．$f(P)$ が最小値をとるならば，4点 P, A, B, C は共円である (同一円周上にある) ことを証明せよ．

7. (CMC/2009) 円周に内接する $\square ABCD$ の対角線 AC は内角 $\angle A$ と $\angle C$ を4つの角に分割する．これら4つの角の大きさを下図のように，$\alpha_1, \alpha_2, \alpha_3, \alpha_4$ とする．次の不等式が成り立つことを示せ．

$$\sin(\alpha_1 + \alpha_2)\sin(\alpha_2 + \alpha_3)\sin(\alpha_3 + \alpha_4)\sin(\alpha_4 + \alpha_1)$$
$$\geq 4\sin\alpha_1 \sin\alpha_2 \sin\alpha_3 \sin\alpha_4.$$

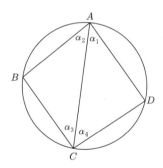

8. $\triangle ABC$ の辺 BC の中点を M とし，辺 AB, AC 上に，それぞれ，点 P, Q を $(\angle PMQ) = 90°$ となるようにとる．$\angle A$ が鋭角ならば，$|PQ|^2 > |BP|^2 + |CQ|^2$ が成り立つことを証明せよ．

練習問題解答

112

第1章

● 初級

1. 2直線 AB, CD の交点を E とおく. $(\angle EBC) = (\angle BCE) = 60°$ より, $\triangle EBC$ は正三角形である. $\triangle ADE$ は, $(\angle EAD) = 90°$, $(\angle AED) = 60°$ なる直角三角形だから, $|DE| = 2|EA|$ となる. $|EB| = |EA| + |AB| = |EC| = |CD| + |DE|$ から, $5 + |EA| = 4 + |DE| = 4 + 2|EA|$ である. よって, $|EA| = 1$ を得る.

したがって, $|BC| = |EB| = |EA| + |AB| = 1 + 5 = 6$.

2. $|BD| = x$ とおく. $\triangle BCD$ 上での三角不等式から,

$$5 + x > 17, \qquad x > 12$$

を得る. $\triangle ABD$ 上での三角不等式から,

$$5 + 9 > x, \qquad x < 14$$

を得る. x は整数であるから, $|BD| = x = 13$ を得る.

3. $|DE| = x$, $|FG| = y$ とおく. すると, 条件から, 次を得る:

$\triangle ADE$ の周長は, $\qquad x + x + x = 3x$.
台形 $DFGE$ の周長は, $\qquad x + (y - x) + y + (y - x) = 3y - x$.
台形 $FBCG$ の周長は, $\qquad y + (1 - y) + 1 + (1 - y) = 3 - y$.

これら周長が等しいことから, $3x = 3y - x = 3 - y$.
これを解いて, $|DE| = x = \dfrac{9}{13}$, $|FG| = y = \dfrac{12}{13}$.

4. $(\angle B) = x$ とおくと, $(\angle AQP) = 2x = (\angle QAP)$ であるから,

$$(\angle QPA) = 180° - 4x.$$

さらに, $(\angle APC) = (\angle ACP) = 3x$ だから, $2 \times 3x + x = 180°$.
よって, $x = \dfrac{180°}{7}$.

5. $|AE| = |AC|$, $|BC| = |BF|$ から,

$$(\angle AEC) = \frac{1}{2}(180° - (\angle A)) = 90° - \frac{1}{2}(\angle A),$$
$$(\angle BFC) = \frac{1}{2}(180° - (\angle B)) = 90° - \frac{1}{2}(\angle B).$$

よって，
$$(\angle ECF) = 180° - (\angle AEC) - (\angle BFC) = \frac{1}{2}((\angle A) + (\angle B)) = 45°.$$

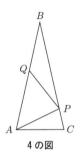
4 の図

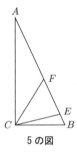
5 の図

6. △ABC, △ABD において，$|AB| = |AC| = |BD|$ であるから，
$$(\angle C) = \frac{1}{2}(180° - (\angle BAC)), \quad (\angle D) = \frac{1}{2}(180° - (\angle DBA)).$$

よって，
$$(\angle C) + (\angle D) = 180° - \frac{1}{2}((\angle BAC) + (\angle DBA)).$$

一方，$(\angle BAC) + (\angle DBA) = 90°$ だから，
$$(\angle C) + (\angle D) = 180° - 45° = 135°.$$

7. 対角線 AC と BD の交点を P とおく．線分 AB, BC, CD, DA は P を頂点とする直角三角形の斜辺なので，ピタゴラスの定理より，
$$|AB|^2 = |AP|^2 + |BP|^2, \quad |BC|^2 = |BP|^2 + |CP|^2,$$
$$|CD|^2 = |CP|^2 + |DP|^2, \quad |DA|^2 = |DP|^2 + |AP|^2$$

が成立する．ゆえに，
$$|DA|^2 = |AB|^2 + |CD|^2 - |BC|^2 = 5^2 + 6^2 - 7^2 = 12.$$

したがって，$|DA| = 2\sqrt{3}$.

8. (1)　長さ 18 の辺が斜辺である場合：

斜辺以外の 2 辺の長さを，それぞれ，p, q とおく．$p \leq q$ としてよい．このとき，ピタゴラスの定理より，$p^2 + q^2 = 18^2$ が成立する．$q^2 \geq \dfrac{18^2}{2} = 162$ なので，$q = 13, 14, 15, 16, 17$ のいずれかであるが，$p^2 = 155, 128, 99, 68, 35$ となり，p は整数にならない．

(2)　長さ 18 の辺が斜辺でない場合：

斜辺の長さを r，斜辺でないもう一つの辺の長さを q とする．このとき，ピタゴラスの定理より，$q^2 + 18^2 = r^2$ が成立する．変形して，$(r+q)(r-q) = 18^2$．ここで，$(r+q) - (r-q) = 2q$ は偶数なので，$r+q$ と $r-q$ の偶奇は一致する．また，$r+q > r-q$ なので，$(r+q, r-q) = (162, 2), (54, 6)$ が考えられる．それぞれ，$(r, q) = (82, 80), (30, 24)$ となるので，斜辺の長さとしては，$82, 30$ が考えられる．

9.　A から BC に下ろした垂線の足を E とする．(図は省略)

$(\angle B) = (\angle C) = 45°$, $(\angle BAE) = (\angle CAE) = 45°$ であるから，$|AE| = |BE| = |CE|$ である．D が線分 EC 上にある場合を考察する．ピタゴラスの定理より，

$$|BD|^2 + |CD|^2$$
$$= (|BE| + |ED|)^2 + (|CE| - |ED|)^2$$
$$= |BE|^2 + 2|BE| \cdot |DE| + |DE|^2 + |CE|^2 - 2|CE| \cdot |DE| + |DE|^2$$
$$= |BE|^2 + |CE|^2 + 2|DE|^2$$
$$= 2(|AE|^2 + |DE|^2) = 2|AD|^2.$$

D が線分 BE 上にある場合も，まったく同様である．

10.　$\triangle ABC$ は，ピタゴラスの定理より，$(\angle C) = 90°$ なる直角三角形である．よって，$[\triangle ABC] = \dfrac{1}{2} \cdot 3 \cdot 4 = 6$ であるから，$[\triangle EBD] = \dfrac{1}{3} \cdot 6 = 2$ である．

ところで，$\triangle ABC$ と $\triangle EBD$ は，$(\angle ABC) = (\angle EBD)$ なる直角三角形であるから，相似である．したがって，$|BD| : |DE| = 4 : 3$ である．$|BD| = x$ とおくと，$|DE| = \dfrac{3}{4}x$ だから，

$$[\triangle EBD] = \frac{1}{2}|BD|\cdot|DE| = \frac{1}{2}x\cdot\frac{3}{4}x = \frac{3}{8}x^2 = 2$$

が成り立つ．これを解いて，$|BD| = x = \dfrac{4\sqrt{3}}{3}$．

11. $\alpha = (\angle BAE) = (\angle ACD) = (\angle ACF)$ とする．$\triangle CFE$ が正三角形だから，$(\angle CFA) = 120°$ となるので，次を得る：

$$(\angle FAC) = 180° - 120° - (\angle ACF) = 60° - \alpha.$$

よって，

$$\begin{aligned}(\angle BAC) &= (\angle BAE) + (\angle FAC) \\ &= \alpha + (60° - a) = 60°.\end{aligned}$$

$|AB| = 2|AC|$ だから，$\triangle ABC$ はその内角が $60°, 30°, 90°$ である三角形であることが結論され，$(\angle ACB) = 90°$ である．

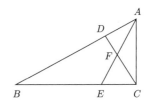

12. 直線 FG と直線 BC の交点を X とし，線分 MX の中点を O とし，G から直線 BC に下ろした垂線の足を H とする．条件より，$BC \parallel AD$ で $ME \parallel GF$ であるから，$\square EMXF$ は平行四辺形で，$|MX| = |EF|$ である．また，$|BX| = |BM| + |MX| = |BM| + |EF| = 2 = |AD|$ であり，$BX \parallel AD$ だから，$\square ABXD$ は平行四辺形である．

また，

$$(\angle XGM) = 90°, \quad |MO| = |OX|, \quad |MX| = |EF| = \frac{3}{2}$$

より，$|MO| = |OX| = |OG| = \dfrac{3}{4}$ がわかる．

さらに，$|XC| = |MX| - |CM| = 1, |CD| = |DX| = |AB| = 1$ より，$\triangle CDX$ は正三角形であるから，$(\angle CDX) = 60°$ である．

よって，$|CG| = a$ とおくと，$|GH| = \dfrac{\sqrt{3}}{2}a, |HC| = \dfrac{1}{2}a$ である．

$$|HO| = ||HC| - |OC|| = \left|\frac{1}{2}a - \frac{1}{4}\right|, \quad |OG| = \frac{3}{4}, \quad |GH| = \frac{\sqrt{3}}{2}a$$

より，$\triangle OHG$ にピタゴラスの定理を適用して，

$$\left|\frac{1}{2}a - \frac{1}{4}\right|^2 + \left(\frac{\sqrt{3}}{2}a\right)^2 = \left(\frac{3}{4}\right)^2.$$

$a > 0$ の範囲でこれを解いて, $a = \dfrac{1+\sqrt{33}}{8}$ を得る.

よって, $|DG| = |CD| - |CG| = 1 - a = \dfrac{7-\sqrt{33}}{8}$.

● 中級

1. n は $6, 2k$ (k は 5 以上の整数) であることを証明する.

まず, $n = 6, 2k$ (k は 5 以上の整数) が条件をみたすことを示す.

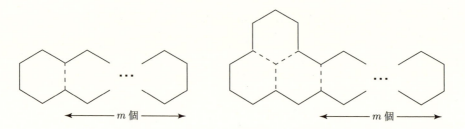

上図のように, 正六角形をいくつかつなげた図形を考える. 左の図形は $(6+4m)$ 角形, 右の図形は $(12+4m)$ 角形なので, $n = 6+4m, 12+4m$ (m は 0 以上の整数) が条件をみたすことがわかる. $n = 6, 2k$ (k は 5 以上の整数) はこの 2 つのいずれかの形で表されるので, 条件をみたしている.

次に, $n = 6, 2k$ (k は 5 以上の整数) 以外は条件をみたさないことを示す. 条件をみたす n 角形のうち, 240° の内角の数を h 個 (h は 0 以上の整数) とおくと, n 角形の内角の総和が $(n-2) \times 180°$ であることから,

$$(n-2) \times 180 = (n-h) \times 120 + h \times 240$$

となり, これを整理して, $n = 2h+6$ を得る. したがって, n が奇数のときおよび 4 のときは条件をみたさないことがわかる. あとは, $n = 8$ が条件をみたさないことを示せばよい. ここで, $n = 8$ のときは, $h = 1$ となり, 120° の内角が 7 個, 240° の内角が 1 個となる. このとき, 120° の内角が 7 つ連続するところが現れるはずだが, 辺の長さがすべて等しいため, 120° の内角が 6 つ連続すると正六角形ができてしまうので, 7 つ以上が連続して現れることはない. よって, $n = 8$ は条件をみたさない.

よって, 証明は完了した.

2. $k = 1, 2, 3, 4, 5$ について，$(\angle BA_kC)$ を単に $(\angle A_k)$ で表す．
A_1B は $\angle ABC$ の 2 等分線で，A_1C は $\angle ACD$ の 2 等分線であるから，

$$(\angle A) = (\angle BAC) = (\angle ACD) - (\angle ABC)$$
$$= 2((\angle A_1CD) - (\angle A_1BC)) = 2(\angle A_1)$$

となり，$(\angle A_1) = \dfrac{1}{2}(\angle A)$ が結論される．

まったく同様に，各 $k = 1, 2, 3, 4$ について，$(\angle A_{k+1}) = \dfrac{1}{2}(\angle A_k)$ が結論される．

したがって，

$$(\angle A_5) = \frac{1}{2}(\angle A_4) = \frac{1}{2^2}(\angle A_3)$$
$$= \frac{1}{2^3}(\angle A_2) = \frac{1}{2^4}(\angle A_1) = \frac{1}{2^5}(\angle A) = \frac{96°}{32} = 3°.$$

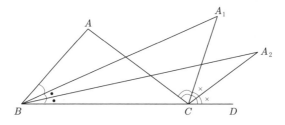

3. 長さ x, y, z $(x \leq y \leq z)$ の 3 本の線分ついて，これらの線分を辺とする三角形が作れる条件は，$x + y > z$ であり，鋭角三角形をなす場合はさらに，$x^2 + y^2 > z^2$ をみたす．

さて，5 本の線分の長さを a, b, c, d, e $(a \leq b \leq c \leq d \leq e)$ とおく．

$\{a, b, e\}$ の 3 本で三角形を作れると仮定する．$a + b > e$ が成り立つから，どの 2 本の線分の長さの和もどの 1 本の線分の長さより大きいので，他の 9 通りの組合せでも三角形が作れる．したがって，$\{a, b, e\}$ 以外の組合せで鋭角三角形を作れると仮定し，$\{a, b, e\}$ で三角形を作れることを示せばよい．

$\{a, b, c\}$, $\{a, c, e\}$ の組合せでそれぞれ鋭角三角形が作れることから，

$$a^2 + b^2 > c^2, \qquad a^2 + c^2 > e^2$$

が成立する．これより，次が成り立つ：

$$(a+b)^2 = a^2 + 2ab + b^2 \geq 2a^2 + b^2 > a^2 + c^2 > e^2.$$

よって，$a+b > e$ となり，$\{a, b, e\}$ で三角形を作れることが示された．

4. $(\angle A) = 2x$ とおくと，$(\angle C) = 3x$ とおける．点 B の直線 AD に関する対称点を E とすると，$\triangle ABD \equiv \triangle AED$ だから，$(\angle ADB) = (\angle ADE)$．また，$|AB| = |AE|$ なので，$|AB|+|CD| = |AE|+|CE|$ より，$|CD| = |CE|$．よって，$\triangle CED$ は二等辺三角形なので，$(\angle CED) = (\angle CDE)$．
ゆえに，
$$(\angle AED) = 180° - \frac{180° - 3x}{2} = \frac{180° + 3x}{2}.$$
また，$(\angle AED) = (\angle EDB)$ より，
$$(\angle ADE) = \frac{1}{2}(\angle EDB) = \frac{1}{2}(\angle AED).$$
よって，$\triangle ADE$ に着目すると，
$$180° = (\angle DAE) + (\angle AED) + (\angle ADE)$$
$$= \frac{1}{2}(\angle BAC) + \frac{3}{2}(\angle AED) = \frac{1}{2} \cdot 2x + \frac{3}{2} \cdot \frac{180° + 3x}{2}.$$
ゆえに，$x = \dfrac{180°}{13}$，$(\angle BAC) = 2x = \dfrac{360°}{13}$．

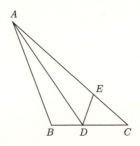

5. $\triangle BPA$ を，点 B を中心として，反時計回りに $60°$ 回転する；A は点 C に移り，P の移った点を M とする（下左図を参照）．すると，$|BM| = |BP|$，$(\angle MBP) = 60°$ であるから，$\triangle MBP$ は正三角形である．よって，$|MP| = |BP| = 2\sqrt{3}$ である．

また，$|MC| = |PA| = 2$，$|MP|^2 + |MC|^2 = 12 + 4 = 4^2 = |PC|^2$ だから，

$(\angle PMC) = 90°,$ $(\angle BPA) = (\angle BMC) = 150°$

を得る．さらに，$|PC| = 2|MC|$ より，$(\angle MPC) = 30°$，したがって，$(\angle BPC) = 90°$ がわかるから，$\triangle BCP$ は直角三角形であり，ピタゴラスの定理を適用して，次を得る：

$$|BC|^2 = |BP|^2 + |PC|^2 = 12 + 16 = 28, \qquad |BC| = \sqrt{28} = 2\sqrt{7}.$$

すなわち，$\triangle ABC$ の 1 辺の長さは $2\sqrt{7}$ である．

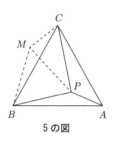
5 の図

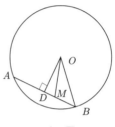
6 の図

6. O から弦 AB に下ろした垂線の足を D とすると，

$$|AD| = |BD| = \frac{1}{2}(63 + 33) = 48$$

であるから，$|MD| = 48 - 33 = 15$ である．よって，次が成り立つ：

$$|OD|^2 = |OB|^2 - |BD|^2 = 52^2 - 48^2 = 400.$$

よって，$|OM| = \sqrt{|OD|^2 + |MD|^2} = \sqrt{625} = 25.$

7. 点 P を通り直線 AD, BC に平行な直線を引き，AB, CD との交点を，それぞれ，Q, R とする (下左図を参照)．
すると，

$$\begin{aligned}|AP|^2 + |PC|^2 &= |PQ|^2 + |AQ|^2 + |PR|^2 + |CR|^2 \\ &= |PQ|^2 + |RD|^2 + |PR|^2 + |BQ|^2 \\ &= (|PQ|^2 + |BQ|^2) + (|PR|^2 + |RD|^2) \\ &= |PB|^2 + |PD|^2.\end{aligned}$$

したがって，$|PD|^2 = |PA|^2 + |PC|^2 - |PB|^2 = 9 + 25 - 16 = 18.$
よって $|PD| = \sqrt{18} = 3\sqrt{2}.$

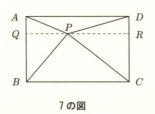
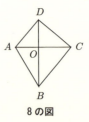

7の図　　　　　　　　　　　8の図

8. (必要性の証明)　$AC \perp BD$ ならば，AC と BD の交点を O とおくと (上右図を参照)，次の計算ができる：

$$|AB|^2 + |CD|^2 = (|AO|^2 + |BO|^2) + (|CO|^2 + |DO|^2)$$
$$= (|AO|^2 + |DO|^2) + (|BO|^2 + |CO|^2)$$
$$= |AD|^2 + |BC|^2.$$

(十分性の証明)　$|AB|^2 + |CD|^2 = |AD|^2 + |BC|^2$ ならば，

$$|AB|^2 - |AD|^2 = |BC|^2 - |DC|^2$$

である．A, C から BD に，それぞれ，下ろした垂線の足を，順に A', C' とすると，次が成り立つ：

$$|AB|^2 - |AD|^2 = |A'B|^2 - |A'D|^2 = |BD| \cdot (|A'B| - |A'D|),$$
$$|BC|^2 - |DC|^2 = |BC'|^2 - |C'D|^2 = |BD| \cdot (|BC'| - |C'D|).$$

よって，$|BA'| - |A'D| = |BC'| - |C'D|$ であるから，A' と C' は一致する．したがって，$AC \perp BD$ である．

9.　直線 AR 上に点 C' を，$|RC'| = 1$ でかつ 3 点 A, R, C' がこの順になるようにとる．このとき，仮定より，$|RC'| = |PC|$, $|RQ| = |PQ|$ を得る．また，

$$(\angle C'RQ) = 360° - ((\angle RQP) + (\angle QPB) + (\angle PBR))$$
$$= 360° - (90° + (\angle QPB) + 90°)$$
$$= 180° - (\angle QPB) = (\angle CPQ)$$

より，$\triangle C'RQ \equiv \triangle CPQ$ (合同) である．したがって，

$$(\angle AQC') = (\angle AQR) + (\angle RQC') = (\angle AQR) + (\angle PQC) = 90°.$$

第1章　121

ここで, $|AR| = |AQ| = 2x$ とおくと, $|QC| = |QC'| = x$ であり, $(\angle AQC') = 90°$ なので, $\triangle AQC'$ にピタゴラスの定理を適用して,

$$|AC'| = \sqrt{|AQ|^2 + |QC'|^2} = \sqrt{(2x)^2 + x^2} = \sqrt{5}x.$$

したがって,

$$1 = |RC'| = |AC'| - |AR| = (\sqrt{5} - 2)x ; \qquad x = \frac{1}{\sqrt{5} - 2}.$$

よって, $|AR| = 2x = 2 \times \dfrac{1}{\sqrt{5} - 2} = 2\sqrt{5} + 4.$

10. $|AB| : |CB| : |AC| = 1 : c : s$ とおくと,

$$\sqrt{441}\Big(1 + \frac{c}{s}\Big) = |CB| = \sqrt{440}\Big(c + \frac{1}{s}\Big).$$

両辺の平方を整理すると, $400(cs)^2 = 1 + 2cs.$

これを, cs についての二次方程式とみて解くと, $cs = \dfrac{1}{20}.$

$$|AC| = \sqrt{441}\Big(1 + \frac{s}{c}\Big) = 21\Big(1 + \frac{s}{c}\Big),$$

$$|CB| = 21\Big(1 + \frac{c}{s}\Big)$$

だから,

$$|AC| + |CB| = 21\Big(2 + \frac{1}{cs}\Big) = 21 \times 22 = 462.$$

● 上級

1. $\triangle AEF$ が正三角形となるように, 正五角形 $ABCDE$ の外部に点 F をとる (次ページの図参照).

$(\angle BAF) = 108° + 60° = 168°$, $|AB| = |AF|$ であるから, $\triangle ABF$ は二等辺三角形である. よって, $(\angle ABF) = (180° - 168°) \div 2 = 6°$ であり, 3点 B, P, F は一直線上にある.

$\triangle EPF$ について,

$$(\angle EFP) = 60° - 6° = 54°, \qquad (\angle FEP) = 60° + 12° = 72°$$

なので,

$$(\angle EPF) = 180° - 54° - 72° = 54° = (\angle EFP)$$

となり，△EPF は $|EP| = |EF|$ なる二等辺三角形である．

また，△EAP も $|EP| = |EF| = |EA|$ より，二等辺三角形である．よって，
$$(\angle EAP) = (180° - 12°) \div 2 = 84°.$$
したがって，$(\angle PAC) = 84° - 72° = 12°.$

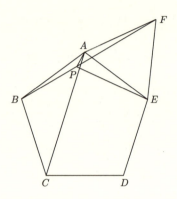

2. AM が $\angle BAD$ の 2 等分線であることから，$(\angle BAD) = \alpha$ とおくと，
$$(\angle BAM) = (\angle MAD) = \frac{\alpha}{2}, \qquad (\angle BAM) = (\angle AMD) = \frac{\alpha}{2}.$$
これより，△AMD は $|AD| = |MD|$ なる二等辺三角形である．条件より，$|MC| = |MD| = |AD| = |BC|$ だから，△CBM も二等辺三角形である．二等辺三角形の底角が等しいことと $(\angle MCB) = \alpha$ であることから，
$$(\angle MBC) = (\angle BMC) = 90° - \frac{\alpha}{2}.$$
したがって，$\angle AMD$ と $\angle BMC$ は互いに補角である．これは $\angle AMB$ が直角であることを意味する．

3. △ABC の内角の大きさを，
$$(\angle A) = \alpha = 60°, \quad (\angle B) = \beta, \quad (\angle C) = \gamma$$
とおく．

AB の延長上に点 P' を $|BP'| = |BP|$ となるようにとる．AQ の延長上に点 P'' を $|AP''| = |AP'|$ となるようにとる．このとき，△BP'P は二等辺三角形であり，

$$(\angle BPP') = (\angle BP'P) = \frac{\beta}{2}.$$

ここで,
$$|AQ| + |QP''| = |AB| + |BP'| = |AB| + |BP| = |AQ| + |QB|$$
だから, $|QP''| = |QB|$ となる.

P', P'' の決め方と $(\angle A) = 60°$ より, $\triangle AP'P''$ は正三角形であり, AP は $\angle P'AP''$ を2等分しているから, $|PP'| = |PP''|$ である. また,
$$(\angle PP''Q) = (\angle PP'B) = \frac{\beta}{2}$$
である.

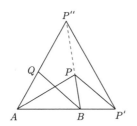 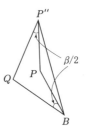

ここで, 3点 B, P, P'' が同一直線上にあることを示そう. 点 Q のとり方より,
$$(\angle PBQ) = \frac{1}{2}(\angle ABC) = \frac{\beta}{2}.$$

一方, 上で示したように, $(\angle PP''Q) = \frac{\beta}{2}$. また, $|QP''| = |QB|$ だから, もし B, P, P'' が同一直線上になければ, 上右図より, $|BP| = |PP''|$ となる. このとき, $|BP| = |PP''| = |PP'|$ となり, $\triangle BPP'$ は正三角形であることになる. すると,
$$\frac{\beta}{2} = 60°, \quad \alpha + \beta = 60° + 120° = 180°$$
となって, これは不合理である. よって, B, P, P'' は同一直線上にある.

この結果, $P'' = C$ が結論され, $\triangle BCQ$ は二等辺三角形であることがわかる.
$$\gamma = \frac{\beta}{2}, \quad \alpha + \beta + \gamma = 60° + \frac{3\beta}{2} = 180°$$

より，$\beta = 80°$，$\gamma = 40°$.

4. 図のように，2つの正三角形 $\triangle ABM$, $\triangle PBE$ を作ると，

$$\triangle APB \equiv \triangle MEB$$

だから，$|AP| = |ME|$, $|BP| = |EP|$.

同様に，2つの正三角形 $\triangle CDN$, $\triangle QDF$ を作ると，

$$\triangle DQC \equiv \triangle DFN$$

だから，$|QC| = |FN|$, $|DQ| = |QF|$ である．よって，

$|AP| + |BP| + |PQ| + |CQ| + |DQ| = |ME| + |EP| + |PQ| + |QF| + |FN|$

である．ところでこの右辺は2点 M と N を結ぶ折れ線の長さである．よって，その最小値は，M, E, P, Q, F, N が一直線上にある場合であり，求める最小値は，$|MN| = 1 + \sqrt{3}$ である．

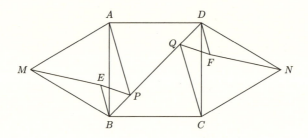

5. 正三角形 $\triangle ACD$ を，辺 AC に関して B の反対側に作る (図を参照)．$\triangle APC$ を点 C の周りに $60°$ 回転して，$\triangle DQC$ とすると，

$$|PA| = |QD|, \qquad |PC| = |QC|.$$

また，$|PC| = |QC|$, $(\angle PCQ) = 60°$ より，$\triangle CPQ$ は正三角形である．よって，$|PC| = |PQ|$. したがって，次を得る：

$|PA| + |PB| + |PC| = |QD| + |PB| + |PQ| \geq |QD| + |BQ| \geq |BD|$.

等号が成り立つのは，B, P, Q が一直線上にあり，かつ，B, Q, D が一直線上にあるとき，つまり，4点 B, P, Q, D が一直線上にあるときである．

$\triangle CPQ$ は正三角形だから，$(\angle DQC) = 120°$.

$(\angle DPC) = 60°$ だから，$(\angle BPC) = (\angle APC) = 120°$．

よって求める点 P は，$(\angle BPC) = (\angle CPA) = (\angle APB) = 120°$ となる点である．

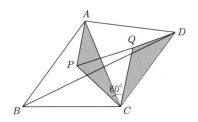

注 上で求めた点 P をフェルマー点ともいう．フェルマー (P. Fermat, 1601–1665) はフランスの数学者．フェルマー予想

「$n > 2$ なる自然数 n について，$x^n + y^n = z^n$ をみたす正の整数 x, y, z は存在しない」

で有名である．ちなみにフェルマー予想は，1995 年に A. Wiles によって証明された．

6. ($\Longrightarrow$ の証明) l_A, l_B, l_C の交点を P とすると，ピタゴラスの定理より，次を得る：

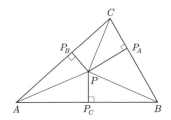
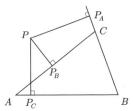

$$|PP_C|^2 + |P_C B|^2 = |PP_A|^2 + |P_A B|^2,$$
$$|PP_A|^2 + |P_A C|^2 = |PP_B|^2 + |P_B C|^2,$$
$$|PP_B|^2 + |P_B A|^2 = |PP_C|^2 + |P_C A|^2.$$

これらの 3 式を辺々加えて整理すると，求める等式

$$|P_A C|^2 + |P_B A|^2 + |P_C B|^2 = |P_A B|^2 + |P_B C|^2 + |P_C A|^2 \qquad ①$$

が得られる．

($\Longleftarrow$ の証明) P_A, P_B, P_C を，それぞれ，直線 BC, CA, AB 上の点とし，①をみたすとする．P を l_A と l_B の交点とする．

点 P から直線 AB に下ろした垂線の足を P_C' とする．以下で，$P_C = P_C'$ であることを証明する．

P_C' の決め方と前半の証明より，次が成り立つ：

$$|P_AC|^2 + |P_BA|^2 + |P_C'B|^2 = |P_AB|^2 + |P_BC|^2 + |P_C'A|^2. \qquad ②$$

上の①と②より，次を得る：

$$|P_CB|^2 - |P_C'B|^2 = |P_CA|^2 - |P_C'A|^2. \qquad ③$$

$|P_CP_C'| = d$ とおく．すると，$|P_C'A| = |P_CA| + d$ または $|P_C'A| = |P_CA| - d$，かつ $|P_C'B| = |P_CB| - d$ または $|P_C'B| = |P_CB| + d$ である．したがって，③より，$d = 0$ である．したがって，$P_C = P_C'$ である．

7. A から辺 BC に下ろした垂線の足を H とする．ピタゴラスの定理より，

$$|AB|^2 = |AH|^2 + |BH|^2, \qquad |AC|^2 = |AH|^2 + |CH|^2.$$

よって，

$$
\begin{aligned}
n|AB|^2 + m|AC|^2 &= n(|AH|^2 + |BH|^2) + m(|AH|^2 + |CH|^2) \\
&= (m + n)|AH|^2 + n|BH|^2 + m|CH|^2. \qquad ①
\end{aligned}
$$

また，$|AH|^2 = |AD|^2 - |DH|^2$ が成り立っている．

(1) $|BH| \geq |BD|$ のとき：

$$
\begin{aligned}
|BH|^2 &= (|BD| + |DH|)^2 = |BD|^2 + 2|BD| \cdot |DH| + |DH|^2, \\
|CH|^2 &= (|CD| - |DH|)^2 = |CD|^2 - 2|CD| \cdot |DH| + |DH|^2.
\end{aligned}
$$

よって，①の右辺は，

$$
\begin{aligned}
右辺 &= (m + n)(|AD|^2 - |DH|^2) + n(|BD|^2 + 2|BD| \cdot |DH| + |DH|^2) \\
&\quad + m(|CD|^2 - 2|CD| \cdot |DH| + |DH|^2) \\
&= (m + n)|AD|^2 + n|BD|^2 + m|CD|^2 + 2(n|BD| - m|CD|)|DH|.
\end{aligned}
$$

ところで，$|BD| : |DC| = m : n$ だから，$n|BD| = m|DC|$．
よって，与式は成り立つ．

第2章　127

(2)　$|BH| < |BD|$ のときも同様である.

> 注　これは例題5の中線定理 (パップスの定理) の拡張で, $m = n$ のとき, 中線定理になっている. また, m, n とせず, $|BD|$, $|CD|$ のまま使うことも多い.

━━ 第2章 ━━

● 初級

1.　点 F から直線 MD に下ろした垂線の足を P とおく. このとき,

$$|CM| = |MF|, \qquad (\angle CDM) = (\angle MPF) = 90°,$$
$$(\angle DCM) = 90° - (\angle CMD) = (\angle PMF).$$

よって, $\triangle CDM \equiv \triangle MPF$ (A.S.A.).
したがって, 次を得る:

$$|MP| = |CD| = 1, \quad |PF| = |DM| = \frac{1}{2},$$
$$|DP| = |MP| - |MD| = 1 - \frac{1}{2} = \frac{1}{2}.$$

2直線 FP, BC の交点を Q とおくと, □$CDPQ$ は長方形なので,

$$|CQ| = |DP| = \frac{1}{2}, \quad |QP| = |CD| = 1$$

だから,

$$|BQ| = |BC| + |CQ| = 1 + \frac{1}{2} = \frac{3}{2},$$
$$|QF| = |QP| + |PF| = 1 + \frac{1}{2} = \frac{3}{2}.$$

よって, 直角三角形 $\triangle BQF$ にピタゴラスの定理を適用して, 次を得る:

$$|BF| = \sqrt{|BQ|^2 + |QF|^2} = \sqrt{\frac{9}{4} + \frac{9}{4}} = \frac{3\sqrt{2}}{2}.$$

> 注　実際の問題では, 2つの正方形 □$ABCD$, □$MCEF$ の図が添えられていた. また, $\triangle BQF$ は $|BQ| = |QF|$ なる直角二等辺三角形なので, $(\angle QBF) = 45°$ であるが, $(\angle CBD) = 45°$ だから, 点 D は線分 BF 上に存在する.

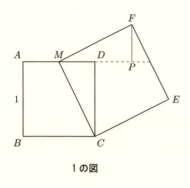
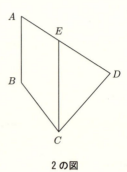

1の図　　　　　　　　　　　　　2の図

2. 2直線 BD, EC の交点を F とする．$AB /\!/ EF$ より，$|AB| : |EF| = |DA| : |DE|$ だから，

$$|EF| = \frac{|AB| \cdot |DE|}{|DA|} = \frac{9}{5}.$$

$|AB| = |CD| = 3$, $|AD| = |CD| = 5$ であり，BD を共通にもつので，

$$\triangle ABD \equiv \triangle CBD \quad (\text{S.S.S.}).$$

よって，　　　　　　　　$(\angle ABD) = (\angle CBD)$.

条件 $AB /\!/ EC$ と合わせて，$(\angle CFB) = (\angle ABF) = (\angle CBF)$ を得る．

したがって，$|FC| = |BC| = 3$ であるから，$|EC| = |EF| + |FC| = \dfrac{24}{5}$．

3. 直線 BF に関して線分 CH, AD は線対称であるから，CH, AD, BF は点 I で交わる．したがって，3点 C, I, H は同一直線上にある．対角線 DH, CG は正八角形の外接円の直径であるから，$(\angle DAH) = (\angle CHG) = 90°$ が成り立つ．

$BC /\!/ AD$, $BA /\!/ CH$ が成り立つから，□$ABCI$ は平行四辺形である．

よって，$|AI| = |BC| = 1$ である．$(\angle IAH) = 90°$ から，ピタゴラスの定理より，

$$|IH| = \sqrt{|AI|^2 + |AH|^2} = \sqrt{2}.$$

よって，　　　　　　　$[\triangle AIH] = \dfrac{1}{2}|AI| \cdot |AH| = \dfrac{1}{2}$．

また，$(\angle IHG) = 90°$ だから，$[\triangle HIG] = \dfrac{1}{2}|HI| \cdot |HG| = \dfrac{\sqrt{2}}{2}$．

$$[\square AIGH] = [\triangle AIH] + [\triangle HIG] = \frac{1}{2} + \frac{\sqrt{2}}{2} = \frac{1+\sqrt{2}}{2}.$$

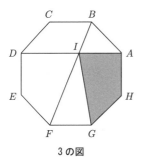
3 の図

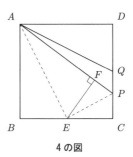
4 の図

4. 辺 BC の中点を E とし，E から AP に下ろした垂線の足を F とする（上右図参照）．$|AB| = |AD|$, $|BE| = |DQ|$, $(\angle ABE) = (\angle ADQ) = 90°$ だから，$\triangle ABE \equiv \triangle ADQ$ である．よって，

$$(\angle BAE) = (\angle DAQ) = \alpha,$$
$$(\angle PAE) = (\angle BAP) - (\angle BAE) = 2\alpha - \alpha = \alpha.$$

したがって，$\triangle ABE \equiv \triangle AFE$ (A.S.)．
したがって，$|EF| = |BE| = |EC|$ で，辺 EP は共通だから，

$$\triangle EFP \equiv \triangle ECP \quad (\text{S.S.}).$$

したがって，$|PC| = |PF| = 10 - 8 = 2$．

5. $\triangle ADC$ を点 A の周りに反時計回りに $60°$ だけ回転し，D の移った先を D' とする（次ページ左図を参照）．$\triangle AD'B \equiv \triangle ADC$ より，

$$|D'B| = |DC|, \quad |AD'| = |AD|, \quad (\angle DAD') = 60°$$

であるから，$\triangle AD'D$ は正三角形である．したがって，$|D'D| = |AD|$ である．

したがって，$(\angle DD'B) = 150° - 60° = 90°$ であるから，$\triangle BD'D$ は直角三角形であり，これは線分 AD, BD, CD によって構成される．

6. 直線 CM および直線 CN と辺 AB との交点を，それぞれ，P, Q と

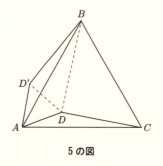
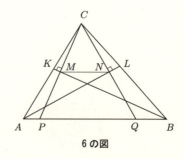

5 の図　　　　　　　　　　　　6 の図

する．△BCM と △BPM において，(∠CBM) = (∠PBM), (∠BMC) = (∠BMP) = 90° で辺 BM は共通だから，△BCM ≡ △BPM．

したがって，$|CM| = |PM|$；つまり，M は線分 CP の中点である．まったく同様にして，点 N が線分 CQ の中点であることがわかる．

したがって，線分 MN は △CPQ の中央線であり，中点連結定理より，$|MN| = \dfrac{|PQ|}{2}$ である．

一方，次が成り立つ：

$$|PQ| = |AQ| + |BP| - |AB| = |AC| + |BC| - |AB| = 112.$$

よって，$|MN| = 56$．

7. (a) 点 M は辺 AD の垂直 2 等分線上にあるから，$|AM| = |DM|$．辺 AD の垂直 2 等分線は直線 BC にも直交するから，E と F は辺 AD の垂直 2 等分線に関して対称であるから，$|MF| = |ME|$．よって，

$$|AF| = |AM| + |MF| = |DM| + |ME| = |DE|.$$

(b) DE が ∠ADC の 2 等分線であること，AD ∥ BC および M が辺 AD の垂直 2 等分線上の点であることから，

$$(\angle MDA) = (\angle EDC) = (\angle DEC) = (\angle MAD).$$

よって，　　　　　　　　△MAD ∼ △CED．
よって，

$\quad |DM| : |DC| = |DA| : |DE|,$　i.e.　$|DA| \cdot |DC| = |DM| \cdot |DE|$．

$|DC| = |AB|$ だから，$|AD| \cdot |AB| = |DM| \cdot |DE|$．

第 2 章　131

8. 直角二等辺三角形の斜辺の長さは，他の辺の長さの $\sqrt{2}$ 倍であること
より，$|OA| = x$ とおくと，

$$|OB| = \sqrt{2}x, \qquad |OC| = \sqrt{2} \cdot \sqrt{2}x = 2x$$

である．$\triangle OAB$ と $\triangle OCD$ の面積比は

$$\frac{x^2}{2} : \frac{(2x)^2}{2} = 1 : 4$$

なので，$[\triangle OAB] = \dfrac{12}{4} = 3$ である．

9.

$$(\angle CDE) = (\angle ADC) - (\angle ADE) = (\angle BAD) + (\angle ABD) - (\angle ADE)$$
$$= (\angle BAD) + 45° - 45° = (\angle BAD),$$
$$(\angle DCE) = (\angle ABD)$$

より，$\triangle DCE \sim \triangle ABD$ (A.A.)．

ゆえに，$|DC| : |AB| = |CE| : |BD|$．

ここで，

$$|BC| : |AB| = \sqrt{2} : 1, \qquad |BD| : |DC| = 1 : 5$$

だから，

$$|BD| = \frac{\sqrt{2}}{6}|AB|, \qquad |CD| = \frac{5\sqrt{2}}{6}|AB|.$$

よって，

$$|CE| = \frac{|BD| \cdot |DC|}{|AB|} = \frac{5}{18}|AB| = \frac{5}{18}|AC|.$$

したがって，

$$|AE| : |EC| = \left(1 - \frac{5}{18}\right) : \frac{5}{18} = 13 : 5.$$

10.　頂点 A から，折りたたんだ線の辺 AB，AC との交点までの距離を，
それぞれ，x, y とする (次ページの図参照)．また，折りたたんだ線の長さを
z とする．余弦法則より，

$$9^2 + (12 - x)^2 - 2 \cdot 9 \cdot (12 - x) \cdot \cos(\angle B) = x^2$$

を得る．

を代入してこの方程式を解いて，$x = \dfrac{39}{5}$．

同様にして，
$$3^2 + (12-y)^2 - 2 \cdot 3 \cdot (12-y) \cdot \cos(\angle C) = y^2$$
を得る．$(\angle C) = 60°$ を考慮してこの方程式を解いて，$y = \dfrac{39}{7}$．

最後にもう一度余弦法則を適用して，
$$z^2 = \left(\dfrac{39}{5}\right)^2 + \left(\dfrac{39}{7}\right)^2 - 2 \cdot \dfrac{39}{5} \cdot \dfrac{39}{7} \cdot \cos(\angle A).$$

$(\angle A) = 60°$ を考慮してこの方程式を解いて，$z = \dfrac{39\sqrt{39}}{35}$．

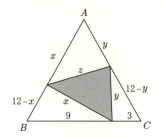

11. M を通り BC に平行な直線を引き，辺 AC との交点を N とする．2 直線 MN, BD の交点を P とすると，平行線の性質と仮定および中点連結定理から，

$$(\angle DPN) = (\angle DBC) = (\angle DBM), \qquad |AN| = |NC|.$$

よって，$\triangle MBP$ は $|MB| = |MP|$ なる二等辺三角形である．

いま，$MD \perp BD$ だから，$|BD| = |DP|$ である．

$(\angle PDN) = (\angle BDC)$（対頂角）だから，$\triangle PDN \equiv \triangle BDC$ (A.S.A.)．

よって，$|ND| = |DC|$．

$\triangle BAC$ の $\angle B$ に頂角の 2 等分線定理を適用して，次を得る：

$$\dfrac{|AB|}{|BC|} = \dfrac{|AD|}{|DC|} = \dfrac{|AN|+|ND|}{|DC|} = 3, \quad \text{i.e.} \quad |AB| = 3|BC|.$$

12. $(\angle BAD) = (\angle CAD)$ なので,頂角の 2 等分線定理より,
$$|AC| : |CD| = |AB| : |BD| = 2 : 1$$
を得る. $|CD| = x$ とおくと,$|AC| = 2x$.

A から直線 BC に下ろした垂線の足を H とする.$|DH| = \dfrac{1}{2}$ である.
$\triangle ADH$ と $\triangle ACH$ にそれぞれピタゴラスの定理を用いると,
$$|AD|^2 - |DH|^2 = |AC|^2 - |CH|^2 = |AH|^2.$$
以上から,
$$2^2 - \left(\dfrac{1}{2}\right)^2 = (2x)^2 - \left(x + \dfrac{1}{2}\right)^2 \iff (3x-4)(x+1) = 0.$$
$x > 0$ より,$|CD| = x = \dfrac{4}{3}$.

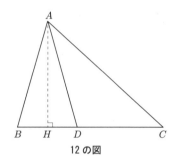

12 の図

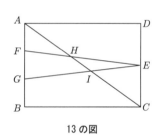

13 の図

13. $AB \parallel DC$ より,$(\angle HAF) = (\angle HCE)$, $(\angle HFA) = (\angle HEC)$ で,$(\angle AHF) = (\angle CHE)$ (対頂角) より,$\triangle AFH \sim \triangle CEH$. よって,
$$|FH| : |EH| = |AF| : |CE| = \dfrac{1}{3} : \dfrac{1}{2} = 2 : 3.$$
同様にして,$\triangle AGI \sim \triangle CEI$ が結論されるから,
$$|GI| : |EI| = |AG| : |CE| = \dfrac{2}{3} : \dfrac{1}{2} = 4 : 3.$$
ところで,
$$[\triangle EFG] = \dfrac{1}{6}[\square ABCD] = \dfrac{1}{6} \cdot 70 = \dfrac{35}{3}.$$
よって,

$$[\triangle EHI] = \frac{|EH|}{|EH|+|FH|} \cdot \frac{|EI|}{|EI|+|GI|} \cdot [\triangle EFG]$$
$$= \frac{3}{5} \cdot \frac{3}{7} \cdot \frac{35}{3} = 3.$$

14. 直線 PN と AB との交点を M' とする. ターレスの定理より,

$$|AM'|:|DN| = |PM'|:|PN| = |BM'|:|CN|.$$

N は辺 CD の中点だから, $|CN| = |DN|$. よって, $|AM'| = |BM'|$.

これは M' が線分 AB の中点であることを示すから, $M' = M$, つまり, 3 点 P, M, N は同一直線上にある.

● 中級

1. 点 A, C, E から ℓ に下ろした垂線の足を, それぞれ, A_1, C_1, E_1 とする (下図参照).

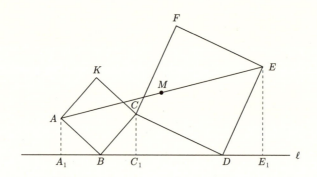

直角三角形の合同条件から,

$$\triangle AA_1B \equiv \triangle BC_1C, \qquad \triangle CC_1D \equiv \triangle DE_1E$$

だから, $|A_1B| = |CC_1| = |DE_1|$.

点 M から ℓ に下ろした垂線の足を M_1 とすると, 台形の中点連結定理より, M_1 は線分 A_1E_1 の中点である. したがって, M_1 は線分 BD の中点である. また,

$$|MM_1| = \frac{1}{2}(|AA_1|+|EE_1|) = \frac{1}{2}(|BC_1|+|C_1D|) = \frac{|BD|}{2}$$

であるから，C の位置に関係なく，M は線分 BD の垂直 2 等分線上の ℓ からの距離が $\frac{|BD|}{2}$ の位置にある．

2. F から AB に下ろした垂線の足を H とする（下左図を参照）．辺 AF が共通で，$(\angle CAF) = (\angle HAF)$, $(\angle ACF) = (\angle AHF) = 90°$ だから，

$\triangle ACF \equiv \triangle AHF$. $|CF| = |FH|$. $(\angle ACD) = 90° - (\angle A) = (\angle B)$ だから，

$$(\angle FEC) = (\angle ACD) + \frac{1}{2}(\angle A) = (\angle B) + \frac{1}{2}(\angle A) = (\angle CFE).$$

よって，$|CE| = |CF| = |FH|$.
また，$CE /\!/ FH$ だから，$\triangle ECG \equiv \triangle HFB$ (S.A.).
したがって，$|CG| = |FB|$ だから，次が成り立つ：

$$|CF| = |CG| - |FG| = |FB| - |FG| = |BG|.$$

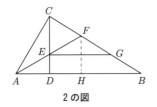
2 の図

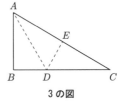
3 の図

3. $\angle A$ の 2 等分線と辺 BC との交点を D とし，さらに D から辺 AC に下ろした垂線の足を E とする（上右図）．

$$(\angle DAC) = \frac{1}{2}(\angle A) = (\angle C)$$

だから，$\triangle DEA \equiv \triangle DEC$.
したがって，$|AE| = |EC| = |AB|$. よって，$\triangle DAE \equiv \triangle DAB$ (S.A.S.).
したがって，$(\angle ABD) = (\angle AED) = 90°$. よって，$AB \perp BC$.

4. BC の延長上に点 E を，$|CE| = |CD|$ となるように選ぶ（次ページ左図を参照）．$|AB| = |AD|$, $(\angle BAD) = 60°$ より，$\triangle ABD$ は正三角形，

$$(\angle DCE) = 180° - (\angle BCD) = 180° - 120° = 60°$$

より，△CDE も正三角形である．

(∠ADB) = (∠CDE) = 60° より，(∠ADC) = 60°+(∠BDC) = (∠BDE)．
$|BD| = |AD|$, $|CD| = |ED|$ だから，△ADC ≡ △BDE (S.A.S.)．
したがって，$|AC| = |BE| = |BC| + |CE| = |BC| + |CD|$．

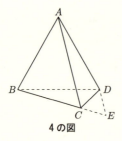

4の図

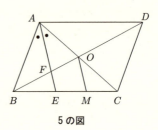

5の図

5. 線分 BD と，線分 AE, AC との交点を，それぞれ，F, O とする．また，線分 EC の中点を M とする (上右図参照)．

O, M はそれぞれ線分 AC, EC の中点なので，中点連結定理より，$AE \parallel OM$ となり，
$$(\angle BOM) = (\angle BFE), \qquad (\angle BMO) = (\angle BEF)$$
が成り立つ．また，
$$|BM| = \frac{1}{2}\{(|BE| + |EM|) + (|BC| - |CM|)\}$$
$$= \frac{|BE| + |BC|}{2} = \frac{|BD|}{2} = |BO|$$
より，$(\angle BOM) = (\angle BMO)$ なので，$(\angle BFE) = (\angle BEF)$ となる．よって，
$$(\angle BDC) = (\angle ABD) = (\angle BFE) - (\angle BAE)$$
$$= (\angle BEF) - (\angle EAC) = (\angle BCO)$$
となり，これと $(\angle DBC) = (\angle CBO)$ (共通) より，3 つの内角が相等しいことから，△BCD ∼ △BOC が結論される．したがって，$|BC| : |BD| = |BO| : |BC|$ より，
$$|BC|^2 = |BD| \cdot |BO| = |BD| \cdot \frac{1}{2}|BD| = \frac{1}{2}|BD|^2$$
となる．$|BC| > 0, |BD| > 0$ を考慮して，$\dfrac{|BD|}{|BC|} = \sqrt{2}$ を得る．

6. (Hint 比較すべき ∠AHE と ∠BGE とが離れているから，どちらかを移動して，比較できる位置にもってくる必要がある．)

線分 AC の中点を P とし，P と E, F を結ぶ (下左図参照)．$\triangle ABC$, $\triangle CAD$ に中点連結定理を適用して，$PE \parallel BG$, $PF \parallel AH$ がわかるから，

$$(\angle PFE) = (\angle AHE), \qquad (\angle PEF) = (\angle BGE). \qquad ①$$

ところで，$\triangle PEF$ において，$|PE| = \dfrac{1}{2}|BC| < \dfrac{1}{2}|AD| = |PF|$ だから，

$$(\angle PFE) < (\angle PEF). \qquad ②$$

①と②より，$(\angle AHE) < (\angle BGE)$．

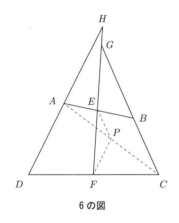

6 の図

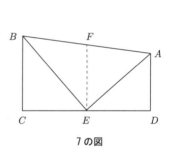

7 の図

7. 辺 AB の中点を F とする (上右図)．
$AD \parallel BC$, $(\angle B) + (\angle A) = 180°$ だから，$(\angle AEB) = 180° - 90° = 90°$．
したがって，$|EF| = \dfrac{1}{2}|AB| = |BF| = |AF|$．
よって，$(\angle AEF) = (\angle EAF) = (\angle EAD)$．よって，$EF \parallel AD$．
したがって，E は辺 CD の中点であるから，台形の中点連結定理より，

$$\dfrac{1}{2}(|AD| + |BC|) = |EF| = \dfrac{1}{2}|AB|. \qquad |AB| = |AD| + |BC|.$$

8. 直線 PR と直線 AD, BC との交点をそれぞれ E, F とし，直線 TQ と直線 BC との交点を G とする．

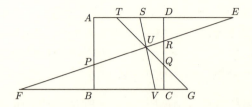

$(\angle PAE) = (\angle RDE) = 90°$ で $\angle E$ が共通であることから，
$$\triangle APE \sim \triangle DRE.$$
よって，$|AE|:|DE| = 2:1$. よって，$|DE| = 3$.

まったく同様にして，$\triangle CRF \sim \triangle BPF$ より，$|BF| = 3$ を得る.

また，$(\angle DQT) = (\angle CQG)$ (対頂角)，$(\angle QDT) = (\angle QCG) = 90°$ であるから，
$$\triangle QDT \sim \triangle QCG.$$
よって，$|DT|:|CG| = 2:1$. よって，$|CG| = 1$.

さらに，$AE \mathbin{/\!/} FG$ であることから，錯角が等しいことを利用すると，
$$\triangle USE \sim \triangle UVF, \quad \triangle UTE \sim \triangle UGF$$
が結論されるので，次を得る：
$$|ES|:|FV| = |UE|:|UF| = |ET|:|FG| = 5:7.$$
これらより，$|BV| = |FV| - |BF| = 4 \times \dfrac{7}{5} - 3 = \dfrac{13}{5}$.

9. 条件より，$\square ABCD$ は菱形で，$(\angle EAD) = (\angle DCF) = (\angle ABC) = 60°$ である.
$$AB \mathbin{/\!/} CD, \quad (\angle AED) = (\angle CDF)$$
だから，$\triangle ADE \sim \triangle CFD$ である.

よって，
$$\dfrac{|AE|}{|AD|} = \dfrac{|CD|}{|CF|}.$$
よって，
$$\dfrac{|AE|}{|AC|} = \dfrac{|AC|}{|CF|}.$$

$(\angle EAC) = (\angle ACF) = 120°$ だから,
$$\triangle EAC \sim \triangle ACF \quad \text{(S.A.S.)}.$$
よって, $\angle FAC = \angle CEA$.

その上, $\triangle CEA$ と $\triangle CAM$ において, $(\angle ACE) = (\angle MCA)$ (共通) であるから, $\triangle CEA \sim \triangle CAM$ である. よって,
$$\frac{|CA|}{|CE|} = \frac{|CM|}{|CA|}, \quad \text{i.e.} \quad |CA|^2 = |CE| \cdot |CM|.$$

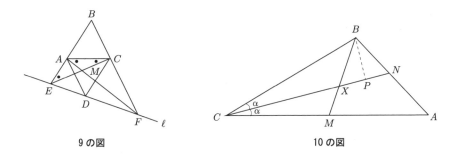

9 の図 　　　　　　　　　　10 の図

10. $\alpha = (\angle ACN) = (\angle NCB)$, $x = |BN|$ とおく. $\triangle BXN$ は正三角形だから, 次が成り立つ:

$(\angle BXC) = (\angle CNA) = 120°, \quad (\angle CBX) = (\angle BAC) = 60° - \alpha,$

$(\angle CBA) = (\angle BMC) = 120° - \alpha.$

したがって,
$$\triangle ABC \sim \triangle BMC, \quad \triangle ANC \sim \triangle BXC.$$
よって,
$$\frac{|BC|}{2} = \frac{|BC|}{|AC|} = \frac{|MC|}{|BC|} = \frac{1}{|BC|}$$
だから, $|BC| = \sqrt{2}$.

また,
$$\frac{|CX| + x}{2} = \frac{|CN|}{|AC|} = \frac{|CX|}{|BC|} = \frac{|CX|}{\sqrt{2}}$$
だから, $|CX| = (\sqrt{2} + 1)x$.

線分 XN の中点を P とおく. $\triangle BXN$ は正三角形だから, $\triangle BPC$ は $(\angle BPC) = 90°$ なる直角三角形である. よって, ピタゴラスの定理より, 次が成り立つ:

$$2 = |BC|^2 = |CP|^2 + |PB|^2 = (|CX| + |XP|)^2 + |PB|^2$$

$$= \left(|CX| + \frac{1}{2}|BN|\right)^2 + \left(\frac{\sqrt{3}}{2}|BN|\right)^2$$

$$= \left(\sqrt{2} + \frac{3}{2}\right)^2 x^2 + \left(\frac{\sqrt{3}}{2}\right)^2 x^2$$

$$= (5 + 3\sqrt{2})x^2.$$

したがって, $|BN|^2 = x^2 = \dfrac{2}{5 + 3\sqrt{2}} = \dfrac{10 - 6\sqrt{2}}{7}$.

11. (a) $\triangle QRN,\ \triangle QTB$ において,

$$(\angle QRN) = (\angle QTB) = 90°, \qquad (\angle RQN) = (\angle TQB)\,(対頂角)$$

だから, $\triangle QRN \sim \triangle QTB$. よって, $|QR| : |QT| = |QN| : |QB|$.

$\triangle QMN,\ \triangle QPB$ において, $MN \,/\!/\, BC$ より,

$$(\angle QMN) = (\angle QPB), \qquad (\angle QNM) = (\angle QBP)$$

だから, $\triangle QMN \sim \triangle QPB$. よって, $|QM| : |QP| = |QN| : |QB|$.

したがって, $|QR| : |QT| = |QM| : |QP|$.

したがって, 例題7 (ターレスの定理) より, $TP \,/\!/\, MR$.

(b) 2直線 $TP,\ AC$ の交点を S とする. $BT \,/\!/\, SC$ で P が辺 BC の中点だから, $\square TBSC$ は平行四辺形である. $\triangle TRS$ は直角三角形で, 線分 RP はその中線であるから, $|RP| = |PS|$.

したがって, $(\angle PRS) = (\angle PSR) = (\angle MRA)$.

よって, $(\angle MRQ) = 90° - (\angle MRA) = 90° - (\angle PRS) = (\angle PRQ)$.

12. ($\Longleftarrow$ の証明) $\square ABCD$ は長方形であるとする. 直線 FG と直線 BD の交点 H とする (次ページ左図). 直角三角形 $\triangle ABC,\ \triangle FBG$ において, 線分 $BE,\ BH$ は直角の頂点 B から, それぞれ, 対辺 $AC,\ FG$ に下ろした垂線である. よって, 次が成り立つ:

$$(\angle ABE) = (\angle ACB), \qquad (\angle BGF) = (\angle HBC).$$

また，(∠HBC) = (∠ACB) だから，

$$(\angle GBE) = (\angle BGF), \qquad |BE| = |GE|.$$

したがって，第 1 章の定理 3 より，$|GE| = |EF|$ が成り立つ．

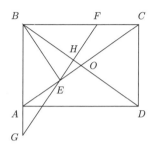
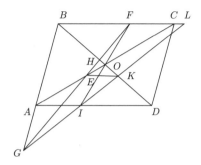

(⟹ の証明) □ABCD は平行四辺形であるとし，2 本の対角線の交点を O とする．直線 FO と直線 AD の交点を I とし，直線 GI と直線 BD, BC との交点を，それぞれ，K, L とする (上右図参照)．すると，△GFI において，仮定 $|GE| = |EF|$ と O が対角線の交点であることから $|IO| = |OF|$ だから，中点連結定理より，$EO \mathbin{/\mkern-6mu/} GI$ である．台形 GACL について，この章の練習問題 (初級 14) から，K は線分 GL の中点である．

ここで，△FGL を考察する．E, K は，それぞれ，辺 GF, GL の中点であるから，中点連結定理より，$EK \mathbin{/\mkern-6mu/} FL$ が結論される．

最後に，△GBK を考察する．線分 GH, BE は，それぞれ，頂点 G, B から対辺に下ろした垂線である．よって，それらの交点 E は垂心であり，$EK \perp GB$ がわかる．$EK \mathbin{/\mkern-6mu/} BC$ だから，$AB \perp BC$ が結論され，□ABCD は長方形である．

13. $BD \mathbin{/\mkern-6mu/} MN$ だから，次がわかる:

$$\triangle DOC \sim \triangle NPC, \qquad \triangle BOC \sim \triangle RPC,$$
$$\triangle ABO \sim \triangle AMP, \qquad \triangle ADO \sim \triangle ASP.$$

したがって，次を得る:

$$\frac{|PN|}{|OD|} = \frac{|CP|}{|CO|} = \frac{|PR|}{|OB|}, \qquad \frac{|PM|}{|OB|} = \frac{|AP|}{|AO|} = \frac{|PS|}{|DO|}.$$

よって，
$$\frac{|PN|}{|PR|} = \frac{|OD|}{|OB|}, \qquad \frac{|PM|}{|PS|} = \frac{|OB|}{|OD|}$$
であるから，次が成り立つ：
$$\frac{|PN|}{|PR|} \cdot \frac{|PM|}{|PS|} = \frac{|OD|}{|OB|} \cdot \frac{|OB|}{|OD|} = 1.$$
したがって，$|PM| \cdot |PN| = |PR| \cdot |PS|$．

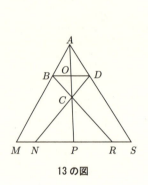

13 の図

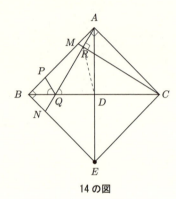

14 の図

14. 点 E を $\square ABEC$ が正方形となるような点とし，D を辺 BC の中点とし，直線 AR と直線 BE との交点を N とする (上右図参照)．

(a) $\triangle AMC$, $\triangle RMA$ において，
$$(\angle CAM) = (\angle ARM) = 90°, \qquad \angle CMA = \angle AMR \,(共通)$$
だから，$(\angle ACM) = (\angle RAM)$．

$\triangle BAN$, $\triangle ACM$ において，$|BA| = |AC|$, $(\angle ABN) = (\angle CAM) = 90°$ で，$(\angle BAN) = (\angle RAM) = (\angle ACM)$ だから，
$$\triangle BAN \equiv \triangle ACM \quad (\text{A.S.A.}).$$
よって，$|BN| = |AM|$．

条件 $|AM| = |BP|$ から，$|BP| = |BN|$．また，$(\angle ABC) = (\angle CBE) = 45°$ で辺 BQ が共通だから，
$$\triangle BPQ \equiv \triangle BNQ \quad (\text{A.S.A.}).$$

これより，$(\angle BQP) = (\angle BQN)$ がわかり，$(\angle CQA) = (\angle BQN)$（対頂角）より，$(\angle AQC) = (\angle PQB)$ を得る.

(b) $\triangle ADQ$，$\triangle CRQ$ において，$(\angle ADQ) = (\angle CRQ) = 90°$ で，$\angle AQD = \angle CQR$（共通）だから，$\triangle ADQ \sim \triangle CRQ$.

これより，$|QD| : |RQ| = |AQ| : |CQ|$ を得る.

よって，$\triangle DRQ \sim \triangle ACQ$. 対応する角の大きさは等しいから，

$$(\angle DRQ) = (\angle ACQ) = (\angle ACB) = 45°.$$

● 上級

1. 台形の中点連結定理より，$MN \parallel BC \parallel DE$.

N を通り AB に平行な直線を引き，BC，DE との交点を，それぞれ，P, Q とする.

$$|CN| = |EN|, \quad (\angle PCN) = (\angle QEN), \quad (\angle PNC) = (\angle QNE)$$

より，$\triangle NPC \equiv \triangle NQE$.

また，$|BP| = |MN|$，$|BM| = |MD|$，$(\angle MBP) = (\angle DMN)$ より，2つの平行四辺形について，$\square MBPN \equiv \square DMNQ$.

$[\triangle NPC] = [\triangle NQE] = x$，$[\square MBPN] = [\square DMNQ] = y$ とおくと，

$$[\square DMNE] = [\square DMNQ] - [\triangle NQE] = y - x,$$
$$[\square MBCN] = [\square MBPN] + [\triangle NPC] = y + x.$$

$[\square DMNE] = 1$，$[\square MBCN] = 2$ より，$x = \dfrac{1}{2}$, $y = \dfrac{3}{2}$ である．$\square DMNQ$ は平行四辺形なので，

$$[\triangle NQD] = \frac{1}{2}[\square DMNQ] = \frac{3}{4}.$$

よって，$|QD| : |QE| = [\triangle NQD] : [\triangle NQE] = 3 : 2$ となる.

また，$(\angle ENQ) = (\angle EAD)$，$(\angle EQN) = (\angle EDA)$ より，

$$\triangle NQE \sim \triangle ADE, \quad |QE| : |DE| = 2 : 1.$$

よって，$[\triangle ADE] = [\triangle NQE] \times \left(\dfrac{1}{2}\right)^2 = \dfrac{1}{8}.$

2. 図のように，2つの円周とその2本の共通外接線および1本の共通内

接線について考える.

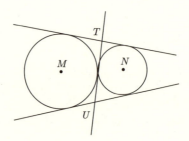

共通内接線と 2 本の共通外接線の交点を，それぞれ，T, U とする. 円周の中心を，それぞれ，M, N とし，半径を，それぞれ，m, n とする. また，M, N から直線 TU に垂線を下ろし，その足を，それぞれ，I, J とし，$|TI| = mt, |UI| = mu$ とおく.

TM, TN はともに T を通る共通外接線と共通内接線のなす角を 2 等分するので，$(\angle MTN) = 90°$ である. また，$(\angle TIM) = (\angle NJT) = 90°$ より，

$$(\angle MTI) = 90° - (\angle NTJ) = (\angle TNJ)$$

となる. よって，

$$\triangle MTI \sim \triangle TNJ, \quad |TJ| = |NJ| \times \frac{|MI|}{|TI|} = \frac{n}{t}.$$

まったく同様にして，次を得る：$|UJ| = \dfrac{n}{u}$.

よって，$|TU| = |TI| + |UI| = m(t+u) = n\left(\dfrac{1}{t} + \dfrac{1}{u}\right)$ となり，$n = mtu$ を得る. 円周 A, B, C, D, X の半径を，それぞれ，a, b, c, d, x とする. 円周 A と直線 RS，円周 B と直線 SP，円周 C と直線 PQ，円周 D と直線 QR の接点を，それぞれ，E, F, G, H とする. 点 S は円周 A と円周 B の相似の中心であるため，$|SE| = as$ とおくと，$|FS| = bs$ となる.

同様に，$|PF| = bq, |QC| = cq, |RH| = dr$ とおくと，

$$|PG| = cp, \quad |QH| = dq, \quad |RE| = ar$$

となる.

上の議論より，$x = ars = bsp = cpq = dqr$ となり，次を得る：

$$x^2 = ars \times cpq = acpqrs,$$

$$x^2 = bsp \times dqr = bdpqrs.$$

したがって，$ac = bd$ を得る．$a = 2$, $b = 1$, $c = 4$ より，$d = 8$ となる．

3. 頂角の 2 等分線定理 (例題 8) より，

$$|BD| : |DC| = |AB| : |AC| = c : b.$$

よって，

$$|BD| = \frac{ca}{b+c}, \qquad |CD| = \frac{ba}{b+c}.$$

これらをスチュワートの定理 (第 1 章練習問題上級 7) の等式に代入する：

$$b \times c^2 + c \times b^2 = (b+c)|AD|^2 + b\left(\frac{ca}{b+c}\right)^2 + c\left(\frac{ba}{b+c}\right)^2.$$

これより，

$$|AD|^2 = bc - \frac{ca}{b+c} \cdot \frac{ba}{b+c} = |AB| \cdot |AC| - |BD| \cdot |CD|.$$

よって，$|AD| = \dfrac{\sqrt{bc(a+b+c)(b+c-a)}}{b+c}$.

4. 円周 Γ と円周 ω の接点を S とし，直線 SP と円周 Γ の交点のうち S とは異なるものを T とする．m と ω の接点を X とし，線分 XP の中点を M とする．

$(\angle TBP) = (\angle ASP)$ より，$\triangle TBP \sim \triangle ASP$ だから，

$$\frac{|PT|}{|PB|} = \frac{|PA|}{|PS|}.$$

線分 SP は円周 Γ の直径で，Γ は点 P で AB と接するから，

$$(\angle SPX) = 90° - (\angle XSP) = 90° - (\angle APM) = (\angle PAM)$$

より，$\triangle PAM \sim \triangle SPX$．よって，

$$\frac{|XS|}{|XP|} = \frac{|MP|}{|MA|} = \frac{|XP|}{2|MA|}, \qquad \frac{|XP|}{|PS|} = \frac{|MA|}{|AP|}.$$

したがって，これと最初の等式より，

$$\frac{|XS|}{|XP|} \cdot \frac{|PT|}{|PB|} = \frac{|XP|}{2|MA|} \cdot \frac{|PA|}{|PS|} = \frac{|XP|}{2|MA|} \cdot \frac{|MA|}{|XP|}. \qquad (*)$$

弦 BC の垂直 2 等分線と円周 Γ の交点のうち，BC に関して A と同じ側

にあるものを A' とし，$A'Q$ と CT の交点を N とする．直角三角形の考察により，次を得る：

$(\angle NCQ) = (\angle TCB) = (\angle TCA) = (\angle TBA) = (\angle TBP)$ より，

$$\triangle NCQ \sim \triangle TBP \quad \text{だから，} \quad \frac{|QN|}{|QC|} = \frac{|PT|}{|PB|},$$

$$(\angle CA'Q) = \frac{(\angle CAB)}{2} = \frac{(\angle XAP)}{2} = (\angle PAM) = (\angle SPX)$$

より，

$$\triangle CA'Q \sim \triangle SPX \quad \text{だから，} \quad \frac{|QC|}{|QA'|} = \frac{|XS|}{|XP|}.$$

これらの等式と $(*)$ により，$|QA'| = 2|QN|$ を得る．よって，N は線分 QA' の中点である．円周 Σ と直線 AC の接点を Y とする．

$$(\angle ACN) = (\angle ACT) = (\angle BCT) = (\angle QCN)$$

であって，$|CY| = |CQ|$ だから，$\triangle YCN \equiv \triangle QCN$．よって，

$$NY \perp AC, \qquad |NY| = |NQ| = |NA'|.$$

ゆえに，N は円周 Σ の中心であり，A' は Σ 上の点である．$A'Q$ は円周 Γ，Σ の中心を通り，Γ，Σ は点 A' を共有するので，A' はこれら 2 円周の接点に他ならない．よって，題意は示された．

5. $DP \perp BC$, $DQ \perp CA$ より，$\angle CPD = \angle CQD = 90°$ だから，P, Q は線分 CD を直径とする円周上にあるので，正弦法則から，

$$|PQ| = |CD|\sin(\angle PCQ) = |CD|\sin(\angle ACB).$$

同様に，$DQ \perp CA$, $DR \perp AB$ より，$\angle AQD = \angle ARD = 90°$ だから，Q, R は線分 AD を直径とする円周上にあるので，正弦法則から，

$$|QR| = |AD|\sin(\angle QAR) = |AD|\sin(\angle CAB).$$

再び正弦法則を，今度は $\triangle ABC$ に適用して，

$$\frac{\sin(\angle ACB)}{\sin(\angle CAB)} = \frac{|AB|}{|CB|}.$$

これらより，$|PQ| = |QR|$ は $\dfrac{|AB|}{|CB|} = \dfrac{|AD|}{|CD|}$ に同値．

一方，∠ABC, ∠ADC の 2 等分線が直線 AC と交わる点を，それぞれ，L, M とおくと，頂角の 2 等分線定理

$$\frac{|AL|}{|CL|} = \frac{|AB|}{|CB|}, \quad \frac{|AM|}{|CM|} = \frac{|AD|}{|CD|}$$

より，$L = M$ であることは，$\dfrac{|AB|}{|CB|} = \dfrac{|AD|}{|CD|}$ に同値.

6. $IF \mathbin{/\mkern-5mu/} BC$, $EH \mathbin{/\mkern-5mu/} CA$ より，$\triangle HIP \sim \triangle ABC$ であるから，

$$\frac{c'}{c} = \frac{|IP|}{a} = \frac{|BD|}{a}.$$

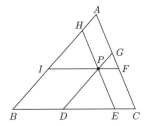

同様に，

$$\triangle GPF \sim \triangle ABC, \quad \triangle PDE \sim \triangle ABC$$

であるから，

$$\frac{b'}{b} = \frac{|PF|}{a} = \frac{|EC|}{a}, \quad \frac{a'}{a} = \frac{|DE|}{a}.$$

したがって，

$$\frac{a'}{a} + \frac{b'}{b} + \frac{c'}{c} = \frac{|DE|}{a} + \frac{|BD|}{a} + \frac{|EC|}{a}$$
$$= \frac{|DE| + |BD| + |EC|}{|BC|} = 1.$$

7. 線分 AB を $m:n$ に内分する点を C，外分する点を D とする．
直線 AB 上にない点 P を，$|PA|:|PB| = m:n$ となるようにとると，

$$|PA|:|PB| = |AC|:|CB| = |AD|:|DB|.$$

したがって，PC と PD は，それぞれ，∠APB とその外角を 2 等分する．これより，$(\angle CPD) = 90°$ がわかる．よって，点 P は線分 CD を直径とす

る円周上にある．

逆に，この円周上の点を P' とする．P' が C か D に一致するならば，$|PA|:|PB|=m:n$ は明らかである．

P' が C にも D にも一致しないとき，

$$(\angle CP'D) = 90°. \qquad ①$$

線分 AD 上の点 B' を，

$$(\angle AP'C) = (\angle B'P'C) \qquad ②$$

となるように選ぶ．下図のように，直線 AP' 上に点 Q をとると，①より，

$$(\angle B'P'D) = (\angle QP'D). \qquad ③$$

②，③より，$|AC|:|CB'| = |AP'|:|B'P'| = |AD|:|DB'|$．

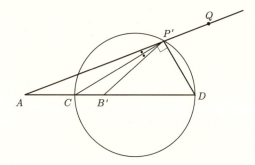

一方，仮定より，$|AC|:|CB| = |AD|:|DB| = m:n$．

よって，$|CB'|:|DB'| = |CB|:|DB|$ となり，B と B' は一致するので，

$$|P'A|:|P'B| = m:n.$$

したがって，求める軌跡は，線分 CD を直径とする円周である．

注 上の軌跡の円周を**アポロニウスの円**という．アポロニウス (Apollonius, B.C. 260–200?) はアレクサンドリアで活躍した数学者．上の例題で $m=n$ のときの軌跡は，線分 AB の垂直2等分線になる．

第3章

● 初級

1. $|OP|=|AP|$ より，$[\triangle OPG]=[\triangle APG]$，$[\triangle OPB]=[\triangle APB]$ だから，$[\triangle OGB]=[\triangle AGB]$．

$|OQ|=|BQ|$ より，同様にして，$[\triangle AGO]=[\triangle AGB]$．

よって，$[\triangle OGB]=[\triangle AGB]=[\triangle AGO]=\dfrac{[\triangle OAB]}{3}=2$．

$|OP|=|AP|$ より，$[\triangle PGO]=\dfrac{[\triangle AGO]}{2}=1$，

$|OQ|=|BQ|$ より，$[\triangle QGO]=\dfrac{[\triangle BGO]}{2}=1$

であるから，$[\square OPGQ]=[\triangle PGO]+[\triangle QGO]=2$．

注　G は $\triangle OAB$ の重心である．

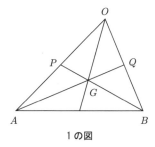
1 の図

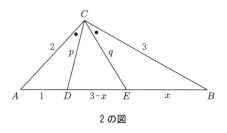
2 の図

2. $|BE|=x$, $|CD|=p$, $|CE|=q$ とおく．条件より，$1\le x\le 3$ である．

$(\angle ACD)=(\angle BCE)$ より，

$$|AD|:|EB|=[\triangle ACD]:[\triangle BCE]=|CA|\times|CD|:|CB|\times|CE|$$

だから，

$$1:x=2p:3q. \qquad ①$$

また，

$$(\angle ACE)=(\angle ACB)-(\angle BCE)=(\angle ACB)-(\angle ACD)=(\angle BCD)$$

より,

$$|AE|:|DB| = [\triangle ACE]:[\triangle BCD] = |CA| \times |CE|:|CB| \times |CD|$$

だから,

$$(4-x):3 = 2q:3p. \qquad ②$$

①と②より, $3:2x = 6p:6q = 6:3(4-x)$ となるから, 次の等式が得られる:

$$3 \times 3(4-x) = 2x \times 6.$$

これを解いて, 求める BE の長さは, $x = \dfrac{12}{7}$ である.

3. 頂角の2等分線定理により,

$$\frac{|NM|}{|BN|} = \frac{|AM|}{|AB|} = \frac{\sqrt{3}}{2}$$

が成り立つから,

$$\frac{|BM|}{|BN|} = \frac{2+\sqrt{3}}{2}, \qquad \frac{|BC|}{|BN|} = 2+\sqrt{3}.$$

よって,

$$\frac{[\triangle ABC]}{[\triangle ABN]} = \frac{|BC|}{|BN|} = 2+\sqrt{3},$$

$$[\triangle ABN] = \frac{[\triangle ABC]}{2+\sqrt{3}} = \frac{8+4\sqrt{3}}{2+\sqrt{3}} = 4.$$

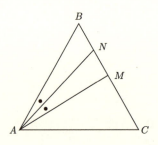

4. $|BP| = 1$, $(\angle APB) = 60°$ より, $|AB| = \sqrt{3}$, $|AP| = 2$. $(\angle CPQ) = 180° - (\angle APQ) - (\angle APB) = 30°$, $|PQ| = |AP| = 2$ より,

第3章 151

$|PC| = \sqrt{3}$, $|QC| = 1$.

よって，$|AD| = |BC| = |BP| + |PC| = 1 + \sqrt{3}$,

$$|DQ| = |DC| - |QC| = |AB| - |QC| = \sqrt{3} - 1.$$

よって，

$$[\triangle ADQ] = \frac{1}{2}|AD| \cdot |DQ| = \frac{1}{2}(\sqrt{3} + 1)(\sqrt{3} - 1) = 1 \,(\text{cm}^2).$$

5. $\triangle PCB$, $\triangle QDC$, $\triangle RAD$, $\triangle SBA$ は互いに合同なので，$\square PQRS$ も正方形である．$\square ABCD$ の対角線の交点を O とすると，対称性から，O は $\square PQRS$ の対角線の交点でもある．辺 BC の中点を M とすると，$\triangle BCP$ は直角三角形であるから (第 1 章の定理 3 より) $|MP| = |MC|$ である．

$$[\square ABCD] = (2|MC|)^2 = 4|MC|^2, \qquad [\square PQRS] = 2|OP|^2$$

であり，$[\square ABCD] = 2[\square PQRS]$ だから，$4|MC|^2 = 2 \times 2|OP|^2$.

よって，$|MC| = |OP|$ が成り立つ．

以上より，$|OM| = |MP| = |OP|$ なので，$\triangle OMP$ は正三角形である．

よって，

$$(\angle PMB) = (\angle OMB) - (\angle OMP) = 90° - 60° = 30°.$$

$|MP| = |MC|$ より，

$$(\angle PMB) = (\angle MPC) + (\angle PCB) = 2(\angle PCB)$$

なので，

$$(\angle PCB) = \frac{1}{2} \times 30° = 15°.$$

6. D, E, F が 3 辺の中点だから，3 直線 AD, BE, CF は重心 G で交わり，次をみたす：

$$|AG| : |GD| = |BG| : |GE| = |CG| : |GF| = 2 : 1.$$

点 G が線分 CC' の中点となるように，線分 CG の延長上に点 C' をとる (次ページ左図参照)．

$|C'G| = |GC|$ および $|CG| : |GF| = 2 : 1$ より，$|C'F| = |GF|$ となる．

$|AF| = |BF|$, $|C'F| = |GF|$, $(\angle AFC') = (\angle BFG)$ より，

$\triangle AFC' \equiv \triangle BFG$ であり,特に,$|AC'| = |BG|$
である.ここで,

$$|AC'| = |BG| = \frac{8}{3}, \quad |AG| = 2, \quad |GC'| = |GC| = \frac{10}{3}$$

だから,$\triangle AGC'$ は線分 GC' を斜辺とする直角三角形である.

よって,$[\triangle AGC'] = \frac{8}{3}$.

また,$|C'G| = |GC|$ より,

$$[\triangle AGC'] = [\triangle AGC] \quad \text{であるから,} \quad [\triangle AGC] = \frac{8}{3}.$$

いま,$|BG|:|GE| = 2:1$ であるから,$[\triangle ABC] = 3[\triangle AGC] = 8$.

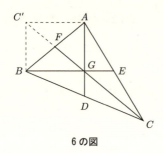
6 の図

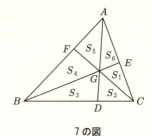
7 の図

7. $\triangle ABC$ を分割した 6 個の三角形の面積を,上右図に示すように,$S_1, S_2, S_3, S_4, S_5, S_6$ と定める.

$|BD| = 2|DC|$ だから,$S_3 = 2S_2 = 8$ である.

$$\frac{|BG|}{|GE|} = \frac{S_2 + S_3}{S_1} = 4 = \frac{S_4 + S_5}{S_6}$$

だから,$S_4 + S_5 = 4S_6$.

$S_4 + S_5 = 2(S_6 + S_1) = 2S_6 + 6$ より,

$$4S_6 = 2S_6 + 6, \quad \text{i.e.} \ S_6 = 3, \ S_4 + S_5 = 12.$$

$$\frac{S_4}{S_5} = \frac{|BF|}{|FA|} = \frac{S_2 + S_3}{S_1 + S_6} = \frac{12}{6} = 2$$

だから,$S_4 = 2S_5$,i.e. $S_4 = 8, S_5 = 4$.

よって,

$[\triangle ABC] = S_1 + S_2 + S_3 + S_4 + S_5 + S_6 = 3 + 4 + 8 + 8 + 4 + 3 = 30.$

8. 点 P から辺 BC, CA, AB への距離を，それぞれ，t_a, t_b, t_c とする．また，頂点 A, B, C から，それぞれの対辺 BC, CA, AB への距離 (高さ) を，h_a, h_b, h_c とすると，

$$\frac{t_a}{h_a} + \frac{t_b}{h_b} + \frac{t_c}{h_c} = 1$$

が成り立つ．ところで，

$$\frac{t_a}{h_a} = \frac{[\triangle CPF]}{[\triangle CAF]} = \frac{d}{d+a},$$

$$\frac{t_b}{h_b} = \frac{[\triangle APD]}{[\triangle ABD]} = \frac{d}{d+b},$$

$$\frac{t_c}{h_c} = \frac{[\triangle BPE]}{[\triangle BCE]} = \frac{d}{d+c}$$

だから，$\dfrac{d}{d+a} + \dfrac{d}{d+b} + \dfrac{d}{d+c} = 1.$

分母を払って，次を得る：

$$d\{(d+b)(c+d) + (c+d)(a+d) + (a+d)(b+d)\}$$
$$= (a+d)(b+d)(c+d).$$

この式に，$a + b + c = 43$, $d = 3$ を代入して整理すると，$abc = 441.$

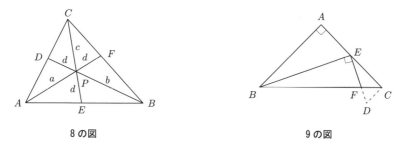

8 の図   　　　　　　　　　9 の図

9. 点 C を通り直線 AB と平行な直線を引き，直線 EF との交点を D とする．

$$(\angle ABE) + (\angle AEB) = (\angle CED) + (\angle AEB) = 90°$$

だから，$(\angle ABE) = (\angle CED)$ なので，$\triangle ABE \sim \triangle CED$ である．

よって,
$$\frac{[\triangle CED]}{[\triangle ABE]} = \left(\frac{|CE|}{|AB|}\right)^2 = \frac{1}{4}, \qquad \frac{|CE|}{|CD|} = \frac{|AB|}{|AE|} = 2.$$

また, $(\angle ECF) = 45° = (\angle DCF)$ なので, CF は $\angle DCE$ の2等分線である.

したがって, 点 F と辺 CE の距離は, 点 F と辺 CD の距離に等しい.

したがって,
$$\frac{[\triangle CEF]}{[\triangle CDF]} = \frac{|CE|}{|CD|} = 2$$

である. よって,
$$[\triangle CEF] = \frac{2}{3}[\triangle CED] = \frac{2}{3} \cdot \frac{1}{4}[\triangle ABE]$$
$$= \frac{2}{3} \cdot \frac{1}{4} \cdot \frac{1}{4} = \frac{1}{24}.$$

10. CB の延長上に点 P を, $|BP| = |DE|$ となるように選ぶ (下図参照). 2つの直角三角形 $\triangle APB$, $\triangle ADE$ において, $|AB| = |AE|$, $|BP| = |DE|$ だから, $\triangle APB \equiv \triangle ADE$ (S.S.).

よって, $|AP| = |AD|$, $|CP| = |BC| + |DE| = |CD|$.

よって, $\triangle ACD \equiv \triangle ACP$ (S.S.S.).

したがって, $\triangle ACD$ の高さは, $|AB| = 1$ に等しい.

したがって, 次を得る:
$$[ABCDE] = 2[\triangle ACD] = 2 \times \frac{1}{2} \times 1 = 1.$$

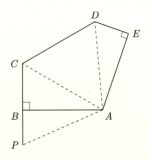

● 中級

1. CF と DE の交点を P, AE と BF の交点を Q とする．分割された7つの領域の面積を，下左図のように定める．$S_4 = S_2 + S_6$ を証明すれば十分である．

点 A, F, D から直線 BC までの距離を，それぞれ，h_a, h_f, h_d とすると，$h_f = \dfrac{1}{2}(h_a + h_d)$ が成り立っている．したがって，次が成り立つ：

$$S_4 + S_5 + S_1 = [\triangle FBC] = \frac{1}{2}h_f \cdot |BC| = \frac{1}{4}(h_a + h_d) \cdot |BC|$$
$$= \frac{1}{4}h_a(2|BE|) + \frac{1}{4}h_d(2|EC|) = [\triangle ABE] + [\triangle DCE]$$
$$= (S_6 + S_5) + (S_2 + S_1) = S_6 + S_2 + S_5 + S_1.$$

これより，$S_4 = S_6 + S_2$ を得る．

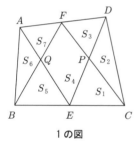
1 の図

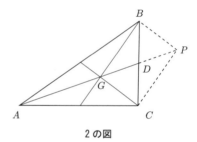
2 の図

2. AG の延長上に点 P を，$|AG| = |GP|$ をみたすように選ぶ．AP と BC の交点を D とすると，D は辺 BC の中点で，$|GD| = |DP| = \dfrac{1}{2}|AG|$ が成り立つ．したがって，□$BGCP$ は平行四辺形であり，$|BP| = |GC| = 2$ である．

$$|GB|^2 + |BP|^2 = (2\sqrt{2})^2 + 2^2 = 12 = |GP|^2, \quad \angle GBP = 90°$$

だから，□$BGCP$ は長方形である．よって，

$$[\triangle BGC] = \frac{1}{2}[\square BGCP] = \frac{1}{2} \cdot 2 \cdot 2\sqrt{2} = 2\sqrt{2}.$$

よって，$[\triangle ABC] = 3[\triangle BGC] = 6\sqrt{2}.$

3. 三角形の面積を次のようにおく：

$[\triangle AMP] = x$, $\quad [\triangle CMP] = y$, $\quad [\triangle CMD] = z$, $\quad [\triangle BMD] = t$.

M は線分 AD の中点だから，$[\triangle AMB] = [\triangle BMD] = t$.
直線 AD が $\angle A$ の 2 等分線だから，頂角の 2 等分線定理より，次がわかる：

$$\frac{z}{t} = \frac{|CD|}{|BD|} = \frac{|AC|}{|AB|} = \frac{11}{20},$$

$$\frac{[\triangle APM]}{[\triangle ABM]} = \frac{|PM|}{|MB|} = \frac{[\triangle CPM]}{[\triangle CBM]}, \quad \frac{y}{z+t} = \frac{x}{t}.$$

したがって，次を得る：

$$\frac{|CP|}{|PA|} = \frac{y}{x} = \frac{z+t}{t} = \frac{z}{t} + 1 = \frac{11}{20} + 1 = \frac{31}{20}.$$

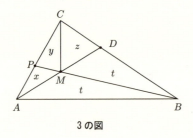
3 の図

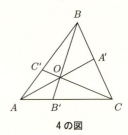
4 の図

4. $x = [\triangle BOC]$, $y = [\triangle COA]$, $z = [\triangle AOB]$ とおく．

$\triangle AOC$ と $\triangle A'OC$ は同じ高さをもち，$\triangle AOB$ と $\triangle A'OB$ も同じ高さをもつから，次の計算ができる：

$$\frac{|AO|}{|OA'|} = \frac{[\triangle AOC]}{[\triangle A'OC]} = \frac{[\triangle AOB]}{[\triangle A'OB]}$$

$$= \frac{[\triangle AOC] + [\triangle AOB]}{[\triangle A'OC] + [\triangle A'OB]} = \frac{y+z}{x}.$$

まったく同様にして，

$$\frac{|BO|}{|OB'|} = \frac{z+x}{y}, \quad \frac{|CO|}{|OC'|} = \frac{x+y}{z}.$$

したがって，次の計算ができる：

$$\frac{|AO|}{|OA'|} \cdot \frac{|BO|}{|OB'|} \cdot \frac{|CO|}{|OC'|} = \frac{(x+y)(y+z)(z+x)}{xyz}$$

$$= \frac{yz^2 + y^2z + x^2z + xz^2 + xy^2 + yx^2 + 2xyx}{xyz}$$

$$= 2 + \frac{y+z}{x} + \frac{x+z}{y} + \frac{x+y}{z}$$

$$= 2 + \frac{|AO|}{|OA'|} + \frac{|BO|}{|OB'|} + \frac{|CO|}{|OC'|} = 2 + 92 = 94.$$

5. 点 D を通り AC に平行な直線を引き，BE との交点を L とする．$|AP| = |PD|$ で，$\triangle APE \sim \triangle DPL$ だから，$\triangle APE \equiv \triangle DPL$. したがって，

$$|PL| = |PE| = 3, \qquad |BL| = |LE| = 6.$$

よって，D は辺 BC の中点である．

点 D を通り AB に平行な直線を引き，CF との交点を K とする．錯角の性質より $(\angle PDK) = (\angle PAF)$ で，対頂角の性質より $(\angle DPK) = (\angle APF)$ であり，$|PD| = |PA|$ だから，$\triangle PDK \equiv \triangle PAF$ である．よって，

$$|PF| = \frac{1}{4}|CF| = 5, \qquad |CP| = 15.$$

$\triangle PBC$ に中線定理を適用して，$|BC|^2 + 4|PD|^2 = 2(|PC|^2 + |PB|^2)$.
よって，$|BC|^2 = 2(15^2 + 9^2) - 12^2 = 468$.
つまり，

$$|BD|^2 = 117 = 9^2 + 6^2 = |PB|^2 + |PD|^2$$

が成立する．したがって，$PD \perp PB$ が結論される．よって，

$$[\triangle BPD] = \frac{1}{2} \cdot 6 \cdot 9 = 27.$$

これを利用して，次がわかる：

$$[\triangle CPD] = [\triangle BPD] = 27, \qquad [\triangle BPA] = [\triangle BPD] = 27,$$
$$[\triangle APC] = [\triangle CPD] = 27.$$

これらを合わせて，$[\triangle ABC] = 4 \times 27 = 108$.

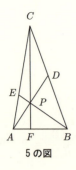
5 の図

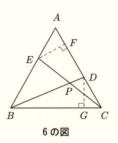
6 の図

6. D から BC へ下ろした垂線の足を G, E から CA へ下ろした垂線の足を F とする (上右図参照).

与えられた条件 $[\square ADPE] = [\triangle BPC]$ より, $[\triangle ACE] = [\triangle CBD]$ が成り立つ.

$|AC| = |BC|$ であるから, $|EF| = |DG|$ である.

さらに, $(\angle A) = (\angle C)$ だから, $\triangle AEF \equiv \triangle CDG$ (A.S.) である.

したがって, $|AE| = |CD|$ が成り立つから,

$$\triangle AEC \equiv \triangle CDB \quad \text{(S.A.S.)}.$$

したがって, $(\angle DBC) = (\angle ECD)$ が成り立つから,

$$(\angle BPE) = (\angle PBC) + (\angle PCB) = (\angle PCD) + (\angle PCB) = 60°.$$

7. 頂角の2等分線定理より, $\dfrac{|AE|}{|EC|} = \dfrac{c}{a}$ だから,

$$|AE| = \frac{bc}{a+c}, \qquad |EC| = \frac{ab}{a+c}.$$

同様にして,

$$|AF| = \frac{bc}{a+b}, \qquad |BF| = \frac{ac}{a+b},$$

$$|BD| = \frac{ac}{b+c}, \qquad |CD| = \frac{ab}{b+c}.$$

よって,

$$\frac{[\triangle AFE]}{[\triangle ABC]} = \frac{|AF| \cdot |AE|}{|AB| \cdot |AC|} = \frac{bc}{(a+b)(a+c)}.$$

同様にして,

$$\frac{[\triangle BDF]}{[\triangle ABC]} = \frac{ac}{(b+a)(b+c)}, \qquad \frac{[\triangle CED]}{[\triangle ABC]} = \frac{ab}{(c+a)(c+b)}.$$

これらより，以下が成り立つ：

$$\frac{[\triangle DEF]}{[\triangle ABC]}$$

$$= 1 - \frac{bc}{(a+b)(a+c)} - \frac{ca}{(b+a)(b+c)} - \frac{ab}{(c+a)(c+a)}$$

$$= \frac{(a+b)(b+c)(c+a) - bc(b+c) - ca(c+a) - ab(a+b)}{(a+b)(b+c)(c+a)}$$

$$= \frac{2abc}{(a+b)(b+c)(c+a)}.$$

8. 辺 BC, AC の中点を，それぞれ，M, N とする．
中心角と円周角の関係から，

$$(\angle MOC) = \frac{1}{2}(\angle BOC) = (\angle EAB)$$

で，$(\angle OMC) = 90° = (\angle AEB)$ より，

$$\triangle OMC \sim \triangle AEB.$$

よって，$\dfrac{|OM|}{|AE|} = \dfrac{|OC|}{|AB|}$.

同様にして，$\triangle ONA \sim \triangle BDA$. よって，$\dfrac{|ON|}{|BD|} = \dfrac{|OA|}{|BA|}$.

$|OA| = |OC|$ だから，これらより，$\dfrac{|OM|}{|AE|} = \dfrac{|ON|}{|BD|}$.

すなわち，$|BD| \cdot |OM| = |AE| \cdot |ON|$ を得る．よって，次を得る：

$$[\triangle OBD] = \frac{1}{2}|BD| \cdot |OM| = \frac{1}{2}|AE| \cdot |ON| = [\triangle OAE].$$

まったく同様にして，$[\triangle OCD] = [\triangle OAF]$, $[\triangle OCE] = [\triangle OBF]$ も示される．

● 上級

1. $[\triangle DEP] = x$, $[\triangle BCP] = y$ とおき，

$$|AD| : |DB| = s : (1-s) \; ; \qquad 0 \le s \le 1,$$
$$|AE| : |EC| = t : (1-t) \; ; \qquad 0 \le t \le 1$$

とおく. このとき, $s : (1-s) = [\triangle CAD] : [\triangle CBD] = 8+x : 8+y$ より,

$$8 + x = s(x+y+16). \tag{1}$$

また, $t : (1-t) = [\triangle BAE] : [\triangle BCE] = 13+x : 3+y$ より,

$$13 + x = t(x+y+16). \tag{2}$$

また,

$$5 = [\triangle ADE] = s \times t[\triangle ABC] = st(x+y+16). \tag{3}$$

(1), (2), (3) より, $st = \dfrac{5}{x+y+16} = \dfrac{(8+x)(13+x)}{(x+y+16)^2}$. これより,

$$5y = 24 + 16x + x^2. \tag{4}$$

また, $\dfrac{x}{8} = \dfrac{|BP|}{|PE|} = \dfrac{3}{y}$ より,

$$xy = 24. \tag{5}$$

(4), (5) より, $x^3 + 16x^2 + 24x - 120 = (x-2)(x^2 + 18x + 60) = 0$.
よって, $x = 2$, $y = 12$. したがって, $[\triangle ABC] = 16 + x + y = 30$.

2. (1) 五角形 $PQRST$ の面積を x とする.

$$[\triangle BST] = [\triangle ASR]$$

から, $[\triangle BTR] = [\triangle ATR]$. よって, $BA /\!/ TR$.
よって,

$$[\triangle STD] : [\triangle SBT] = |TD| : |BT| = |RD| : |AR|$$
$$= [\triangle SRD] : [\triangle SAR].$$

よって, $[\triangle STD] = [\triangle SRD] = \dfrac{x+1}{2}$.
同様にして, 次も得られる:

$$[\triangle APQ] = \frac{1}{2}[\square ATPQ] = \frac{x+1}{2},$$

$$[\triangle BPQ] = \frac{1}{2}[\square BPQR] = \frac{x+1}{2}.$$

$[\triangle APQ] = [\triangle BPQ]$ だから，$AB /\!/ PQ$, すなわち，$AB /\!/ CE$.
同様に，$BC /\!/ AD$, $CD /\!/ BE$, $DE /\!/ CA$, $EA /\!/ DB$ が成り立つ．
$AE /\!/ BD$ だから，

$$\frac{[\triangle ASD]}{[\triangle DST]} = \frac{|AS|}{|ST|} = \frac{|ES|}{|SB|} = \frac{[\triangle STE]}{[\triangle SBT]}.$$

よって，

$$\frac{1 + \dfrac{x+1}{2}}{\dfrac{x+1}{2}} = \frac{\dfrac{x+1}{2}}{1},$$

ゆえに，$\dfrac{x+3}{x+1} = \dfrac{x+1}{2}$.

よって，$(x+1)^2 = 2(x+3)$, $x^2 = 5$, $x = \sqrt{5}$.

(2) $AC /\!/ DE$ から，$[\triangle ARE] = [\triangle SRD] = \dfrac{\sqrt{5}+1}{2}$.
同様にして，次も得られる：

$$[\triangle ABS] = [\triangle BCT] = [\triangle CDP] = [\triangle DEQ] = \frac{\sqrt{5}+1}{2}.$$

よって，$[ABCDE] = 1 \times 5 + \sqrt{5} + \dfrac{\sqrt{5}+1}{2} \times 5 = \dfrac{15 + 7\sqrt{5}}{2}$.

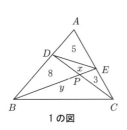

1 の図

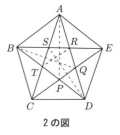

2 の図

3. 三角形の面積の公式から，次が容易に得られる：

$$\frac{|OA'|}{|AA'|} + \frac{|OB'|}{|BB'|} + \frac{|OC'|}{|CC'|}$$
$$= \frac{[\triangle OBC]}{[\triangle ABC]} + \frac{[\triangle OCA]}{[\triangle ABC]} + \frac{[\triangle OAB]}{[\triangle ABC]} = 1.$$

また，△ABC は一辺の長さが 1 の正三角形だから，

$$|AA'| \leq 1, \quad |BB'| \leq 1, \quad |CC'| \leq 1$$

である．よって，

$$|OA'| + |OB'| + |OC'| \leq 1 \times \left(\frac{|OA'|}{|AA'|} + \frac{|OB'|}{|BB'|} + \frac{|OC'|}{|CC'|} \right) = 1$$

となる．

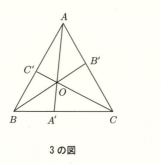
3の図

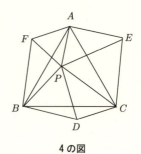
4の図

4. △APB を，点 B を中心に (点 A が点 C に一致するように) 60° 回転させるとき，点 P の移る点を D とする．すると，$|BP| = |BD| = 4$，$\angle PBD = 60°$ だから，△BPD は辺の長さが 4 の正三角形となる．

また，△CPD は，辺の長さが $|CP| = 5$，$|PD| = |BP| = 4$，$|CD| = |AP| = 3$ となり，ピタゴラスの定理の逆より，直角三角形である．

同様にして，△BPC, △CPA を，それぞれ，点 C, A を中心に 60° 回転させたとき，点 P が移る点を，それぞれ，E, F とすると，次が得られる：

$[AFBDCE]$
$= [\triangle BPD] + [\triangle CPD] + [\triangle CPE]$
$\quad + [\triangle APE] + [\triangle APF] + [\triangle BPF]$
$= [1 辺 3 の正三角形] + [1 辺 4 の正三角形] + [1 辺 5 の正三角形]$
$\quad + 3 \times [3 辺が 3, 4, 5 の直角三角形]$
$= \dfrac{1}{4}\sqrt{3}(3^2 + 4^2 + 5^2) + 3 \cdot \dfrac{3 \cdot 4}{2} = \dfrac{25}{2}\sqrt{3} + 18.$

また，回転移動したことの考察から，次がわかる：

$[\triangle APB] = [\triangle CDB]$, $[\triangle BPC] = [\triangle AEC]$, $[\triangle CPA] = [\triangle BFA]$,
$[\triangle ABC] = [\triangle APB] + [\triangle BPC] + [\triangle CPA]$.

したがって，$[AFBDCE] = 2 \cdot [\triangle ABC]$.

よって，$[\triangle ABC] = \dfrac{25}{4}\sqrt{3} + 9$.

5. すべての辺の長さが 1 であり，ある 2 本の対角線のなす角が 90° である凸五角形 $ABCDE$ を考える．90° の角をなす 2 本の対角線が AC, AD である場合と，AC, BD である場合のみ考えればよい (その他の場合は，このどちらかと同じ議論となる)．

(1) $AC \perp AD$ の場合：

$\triangle ACD$ は $(\angle CAD) = 90°$ の直角三角形であるから，$|AC| \leq |CD| = 1$, $|AD| \leq |CD| = 1$ である．したがって，$\triangle ABC$ に注目すると，$|AB| = |BC| \geq |CA|$ より，

$$(\angle BCA) = (\angle CAB) \geq (\angle ABC).$$

これと，$(\angle BCA) + (\angle CAB) + (\angle ABC) = 180°$ より，$(\angle CAB) \geq 60°$ を得る．

$\triangle AED$ についても同様の議論を行うことで，$(\angle DAE) \geq 60°$ を得る．

ところが，これらより，

$$(\angle BAE) = (\angle CAB) + (\angle CAD) + (\angle DAE) \geq 60° + 90° + 60° > 180°$$

となり，五角形 $ABCDE$ が凸であることに反する．よって不適．

(2) $AC \perp BD$ の場合：

AC と BD の交点を P とすると，$|AB| = |CB|$, $(\angle BPC) = (\angle BPA) = 90°$ より，

$$\triangle APB \equiv \triangle CPB$$

を得る．よって，$|AP| = |CP|$ を得る．このことと，$(\angle APD) = (\angle CPD) = 90°$ より，$\triangle APD \equiv \triangle CPD$. ゆえに，$|AD| = |CD| = 1$. したがって，$|AD| = |ED| = |EA| = 1$ より，$\triangle ADE$ は一辺の長さが 1 の正三角形であり，□$ABCD$ は一辺の長さが 1 の菱形である．五角形 $ABCDE$ の面積は正三角形 ADE と菱形 $ABCD$ の面積の和であるが，$[\triangle ADE] = \dfrac{\sqrt{3}}{4}$ で一定

だから，菱形 $ABCD$ の面積の最大値を考えればよい．

A から直線 CD に下ろした垂線の足を H とすると，$[\square ABCD] = |CD| \cdot |AH|$ であるが，$|CD| = 1$, $|AH| \leq |AD| = 1$ より，$[\square ABCD] \leq 1$ であるが，$\square ABCD$ は正方形のときその面積は 1 となるので，$[\square ABCD]$ の最大値は 1 である．

菱形 $ABCD$ が正方形のとき，五角形 $ABCDE$ は下図のようになり，これは凸である．以上より，求める面積の最大値は $1 + \dfrac{\sqrt{3}}{4}$ である．

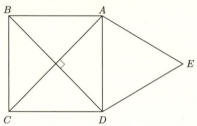

第 4 章

● 初級

1. O は線分 AB, BC, CA の垂直 2 等分線上にあるから，
$$(\angle OAB) = (\angle OBA), \quad (\angle OBC) = (\angle OCB), \quad (\angle OCA) = (\angle OAC).$$
また，$(\angle A) + (\angle B) + (\angle C) = 180°$.
点 O は $\triangle ABC$ の内部にあるから，上の 4 つの等式から，
$$(\angle OAB) + (\angle OBC) + (\angle OCA) = 90°.$$
よって，
$$(\angle A) = (\angle OAB) + (\angle OAC) = 90° - (\angle OBC) < 90°.$$
つまり，$\angle A$ は鋭角である．まったく同様にして，$\angle B$, $\angle C$ も鋭角となる．よって，$\triangle ABC$ は鋭角三角形である．

> 注　三角形と外心・垂心の位置関係：
> 鋭角三角形 $\Longleftrightarrow$ 外心，垂心は三角形の内部．

直角三角形 $\iff$ 外心は斜辺の中点，垂心は直角の頂点．
鈍角三角形 $\iff$ 外心，垂心は三角形の外部．

2. (1) 内接円の半径を r とすると，

$$[\triangle IBC] = \frac{1}{2}ar, \quad [\triangle ICA] = \frac{1}{2}br, \quad [\triangle IAB] = \frac{1}{2}cr$$

であるから，$[\triangle IBC] : [\triangle ICA] : [\triangle IAB] = a : b : c$.

(2) $(\angle BAP) = (\angle CAP)$ だから，$|BP| : |PC| = |AB| : |AC| = c : b$.

|注| $\triangle ABC$ の周長を $2s = a+b+c$ とすると，

$$[\triangle ABC] = [\triangle IBC] + [\triangle ICA] + [\triangle IAB] = \frac{1}{2}(a+b+c)r = sr.$$

また，内接円と辺の接点を下左図のように D, E, F とすると，

$$|AE| = |AF| = s-a, \; |BD| = |BF| = s-b, \; |CD| = |CE| = s-c.$$

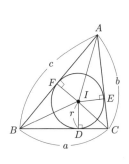
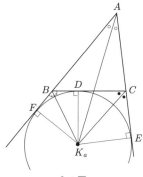

2の図   3の図

3.
$$|AE| = |AC| + |CE| = |AC| + |CD|,$$
$$|AF| = |AB| + |BF| = |AB| + |BD|.$$

よって，

$$|AE| + |AF| = |AC| + |CD| + |AB| + |BD|$$
$$= |AC| + |AB| + |BC| = a+b+c.$$

したがって，$|AE| = |AF|$ より，

$$|AE| = |AF| = \frac{1}{2}(a+b+c).$$

166

> **注**　$\angle A$ 内の傍接円の半径を r_a とすると，

$$[\triangle ABC] = [\triangle ABK_a] + [\triangle ACK_a] - [\triangle BCK_a] = \frac{1}{2}(b + c - a)r_a.$$

4. C から辺 AB に下ろした垂線の足を E とする．$\triangle BAD$, $\triangle BCE$ において，

$$(\angle ABD) = (\angle CBE) \ \text{(共通)},$$
$$(\angle BDA) = (\angle BEC) = 90°$$

だから，$(\angle BAD) = (\angle BCE) = (\angle DCH)$ である．円周角の定理より，

$$(\angle BAK) = (\angle BCK) \quad \text{つまり，} \quad (\angle BAD) = (\angle DCK)$$

が成り立つ．

したがって，$(\angle HCD) = (\angle KCD)$ が成り立つ．よって，$\triangle CDH \equiv \triangle CDK$. よって，$|HD| = |KD|$.

5. $\triangle ADP$ の外心を O_3 とする．対称性から，$(\angle O_3PA) = (\angle O_1PA)$ が成り立つ．$|AP| > |CP|$ だから，$\triangle APD$ は鋭角三角形で，$\triangle CPD$ は $(\angle CPD) > 90°$ なる鈍角三角形となる．これより，次が成り立つ：

$$(\angle PO_3D) = 2(\angle PAD) = 90°, \qquad (\angle PO_2D) = 2(\angle PCD) = 90°.$$

一方，外接円の半径として，$|O_2P| = |O_2D|$, $|O_3P| = |O_3D|$ だから，$\square DO_2PO_3$ は正方形である．また，$(\angle O_2PD) = (\angle DPO_3)$ である．
また，

$$(\angle O_3PA) = (\angle O_1PA), \qquad (\angle O_2PD) = (\angle DPO_3)$$

であるから，$(\angle O_1PO_2) = 2(\angle DPA)$ が成り立ち，これより，$(\angle DPA) = 60°$ が結論される．したがって，$\triangle ADP$ において，

$$(\angle A) = 45°, \quad (\angle APD) = 60°, \quad |AD| = 12$$

がわかる．

D から直線 AP に下ろした垂線の足を E とすると，$\triangle ADE$ は $|ED| = |EA| = 6\sqrt{2}$ なる直角二等辺三角形であり，$\triangle PDE$ は $|EP| = \dfrac{|DE|}{\sqrt{3}} = 2\sqrt{6}$ なる直角三角形である．

よって，$|AP| = |AE| + |EP| = 6\sqrt{2} + 2\sqrt{6}$ を得る.

6. $(\angle A) = (\angle B) = (\angle EFD) = 60°$ で,

$$(\angle AFE) + (\angle EFD) + (\angle DFB) = 180°, \quad (\angle AFE) + (\angle AEF) = 120°,$$
$$(\angle DFB) + (\angle BDF) = 120°$$

であるから，$(\angle AFE) = (\angle BDF)$, $(\angle AEF) = (\angle BFD)$. さらに，$|EF| = |FD|$ であるから，$\triangle AEF \equiv \triangle BFD$.

同様にして，$\triangle AFE \equiv \triangle CED$. よって,

$$[\triangle AFE] = \frac{1}{3}([\triangle ABC] - [\triangle DEF]) = \frac{1}{3}\Big(\frac{\sqrt{3}}{4}a^2 - \frac{\sqrt{3}}{4}b^2\Big).$$

$\triangle AFE$ の周長は $a + b$ なので，内接円の半径 r は次のようになる：

$$r = 2 \times \frac{\frac{1}{3}\Big(\frac{\sqrt{3}}{4}a^2 - \frac{\sqrt{3}}{4}b^2\Big)}{a+b} = \frac{\sqrt{3}}{6}(a - b).$$

7. $(\angle APB) = x$ とおく．長さの等しい弦に対する円周角は等しいので，弦 BC, CD, DE, EF に対する円周角もすべて x である；

$$(\angle BPC) = (\angle CPD) = (\angle DPE) = (\angle EPF) = x.$$

よって，次が成り立つ：

$$
\begin{aligned}
(\angle PAF) &= 100° - (\angle FAE) - (\angle EAD) - (\angle DAC) - (\angle CAB)\\
&= 100° - 4x,\\
(\angle PFA) &= 120° - (\angle AFB) - (\angle BFC) - (\angle CFD) - (\angle DFE)\\
&= 120° - 4x,\\
(\angle FPA) &= (\angle APB) + (\angle BPC) + (\angle CPD) + (\angle DPE) + (\angle EPF)\\
&= 5x.
\end{aligned}
$$

これら 3 つの角は $\triangle AFP$ の内角であるから，

$$(100° - 4x) + (120° - 4x) + 5x = 180°.$$

これを解いて，$x = \dfrac{40°}{3}$, $(\angle APF) = 5x = \dfrac{200°}{3}$.

8. BP と CQ の交点，すなわち $\triangle ABC$ の内心を I とし，$\triangle APQ$ の内

心を I' とする. AI, AI' はともに $\angle A$ の 2 等分線であるから, 3 点 A, I, I' は一直線上にある.

$\triangle ABC$ の内接円と辺 AB の接点を D とすると, 線分 ID は $\triangle ABC$ の内接円の半径であるから, $|ID| = r_1$ である.

$$(\angle IAD) = \frac{1}{2}(\angle A) = 30°, \qquad (\angle IDA) = 90°$$

より, $|AI| = 2|ID| = 2r_1$ である.

まったく同様にして, $|AI'| = 2r_2$ であることもわかる.

$\triangle APQ$ の外心を O, 外接円の半径を R とする.

$$(\angle BIQ) = (\angle IBC) + (\angle ICB) = \frac{1}{2}((\angle B) + (\angle C))$$
$$= \frac{1}{2}(180° - (\angle A)) = 60° = (\angle PAQ)$$

より, 4 点 A, P, I, Q は同一円周上にあり, この円周の中心は O である. よって,

$$(\angle POI) = 2(\angle PAI) = (\angle A) = 60°$$

なので, $\triangle POI$ は正三角形であり, $|OI| = |OP| = R$ となる.

ところで, 4 点 A, P, I, Q が同一円周上にあることより, $(\angle IPQ) = (\angle IAQ)$ である. これと

$$(\angle IAQ) = (\angle IAP), \qquad (\angle API') = (\angle QPI')$$

より,

$$(\angle IPI') = (\angle IPQ) + (\angle QPI') = (\angle IAQ) + (\angle QPI')$$
$$= (\angle IAP) + (\angle API') = (\angle II'P)$$

となる. よって, $|II'| = |PI| = R$ を得る.

$|AI| = |AI'| + |II'|$ より, $2r_1 = 2r_2 + R$ なので, $R = 2(r_1 - r_2)$ を得る.

9. $\triangle ABD$ において, K はその内心だから, AK は $\angle BAD$ の 2 等分線であり, 同様に, $\triangle ADC$ において L はその内心だから, AL は $\angle DAC$ の 2 等分線である.

$\triangle AMD$ と AK, $\triangle ANC$ と AL に頂角の 2 等分線定理を適用して, それぞれ, 次を得る:

$$\frac{|AM|}{|AD|} = \frac{|MK|}{|KD|}, \qquad \frac{|AN|}{|AD|} = \frac{|NL|}{|LD|}.$$

よって，ターレスの定理より，次を得る：

$$|AM| = |AN| \iff \frac{|MK|}{|KD|} = \frac{|NL|}{|LD|} \iff KL \mathbin{/\!/} MN.$$

10. $|AB| = |CD|$ なので，円周角の定理より，$(\angle ADB) = (\angle DBC)$．よって，$BC \mathbin{/\!/} AD$．

$|BC| = |DE|$ から，同様の議論により，$BE \mathbin{/\!/} CD$．

よって，2直線 AD，BE の交点を F とすれば，$\square BCDF$ は平行四辺形である．

円周角の定理より，$(\angle FBA) = (\angle FDE)$，$(\angle FAB) = (\angle FED)$ なので，

$$\triangle FAB \sim \triangle FED.$$

よって，$|FA| : |FB| = |FE| : |FD|$．

よって，

$$|FE| = \frac{|AF| \cdot |FD|}{|BF|} = \frac{(|AD| - |FD|) \cdot |FD|}{|BF|}$$

$$= \frac{(|AD| - |BC|) \cdot |BC|}{|CD|} = \frac{15}{2}.$$

したがって，$|BE| = |BF| + |FE| = 2 + \dfrac{15}{2} = \dfrac{19}{2}$．

● **中級**

1. $(\angle OMN) = \alpha$ とおくと，$(\angle B) = 4\alpha$，$(\angle C) = 6\alpha$．よって，

$$(\angle A) = 180° - (4\alpha + 6\alpha) = 180° - 10\alpha.$$

また，$(\angle NOC) = \dfrac{1}{2}(\angle BOC) = (\angle A)$ より，

$$(\angle NOC) = 180° - 10\alpha.$$

一方，$(\angle MOC) = (\angle AOC) = 2(\angle B) = 8\alpha$ だから，

$$(\angle MON) = 8\alpha + (180° - 10\alpha) = 180° - 2\alpha,$$

$$(\angle ONM) = 180° - ((\angle MON) + (\angle OMN))$$
$$= 180° - \{(180° - 2\alpha) + \alpha\} = \alpha.$$

よって，$|ON| = |OM| = \dfrac{1}{2}|OA| = \dfrac{1}{2}|OC|$, $(\angle ONC) = 90°$ だから，
$$(\angle NOC) = 60°.$$

ゆえに，$180° - 10\alpha = 60°$．　$\alpha = 12°$．

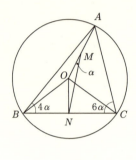

1 の図

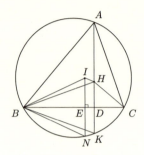

2 の図

2. 2 直線 AH, BC の交点を D とする．$\triangle ABC$ の外接円 O と直線 AH の交点を K とする．点 I から BC に下ろした垂線の足を E とし，この線分 IE の延長と外接円 O との交点を N とする (上右図参照)．

すると，次が成り立つ：

$$(\angle BIC) = 180° - ((\angle IBC) + (\angle ICB))$$
$$= 180° - \dfrac{1}{2}((\angle ABC) + (\angle ACB)) = 90° + \dfrac{1}{2}(\angle BAC) = 120°,$$
$(\angle BNC) = 180° - (\angle BAC) = 120° = (\angle BIC)$.

一方，$IN \perp BC$ だから，$|IE| = |EN|$ である．(実際，$|IE| < |EN|$ と仮定すると，$(\angle IBC) < (\angle NBC)$, $(\angle ICB) < (\angle NCB)$ となるが，
$$(\angle IBC) + (\angle ICB) = (\angle NBC) + (\angle NCB) = 60°$$
となって，矛盾を生ずる．)

さて，H は $\triangle ABC$ の垂心だから，$|HD| = |DK|$ である (これについては，第 4 章の練習問題 (初級 4) を参照)．また，$ED \perp IN$, $ED \perp HK$ だから，□$IHKN$ は $|IH| = |NK|$ なる等脚台形である．したがって，次を

得る：

$$(\angle AHI) = 180° - (\angle IHK) = 180° - (\angle AKN) = (\angle ABN).$$

また，$|IE| = |EN|$ で $BE \perp IN$ だから，$\triangle IBE \equiv \triangle NBE$.
したがって，$(\angle NBE) = (\angle IBE) = (\angle IBC) = (\angle IBA) = \dfrac{1}{2}(\angle ABC)$.
よって，$(\angle AHI) = (\angle ABN) = \dfrac{3}{2}(\angle ABC)$.

3. BE と MN が点 P' で交わると仮定する．

$$DE \mathbin{/\mkern-5mu/} BC, \quad \dfrac{|BP|}{|PE|} = \dfrac{|BC|}{|DE|}, \quad \dfrac{|BP'|}{|P'E|} = \dfrac{|BN|}{|EM|}$$

だから，次を証明すれば十分である：

$$\dfrac{|BN|}{|EM|} = \dfrac{|BC|}{|DE|} \quad \text{または} \quad \dfrac{|BN|}{|BC|} = \dfrac{|EM|}{|DE|}.$$

$\triangle ADE$ の内接円と辺 AD, AE との接点を，それぞれ，F, G とし，$\triangle ABC$ の $\angle A$ 内の傍接円と AB, AC との接点を，それぞれ，H, I とする (下左図参照)．すると，次が成り立つ：

$$|EM| = \dfrac{1}{2}(|AE| + |DE| - |AD|),$$

$$|AH| = |AB| + |BH| = |AB| + |BN| = |AI| = \dfrac{1}{2}(|AB| + |BC| + |CA|).$$

したがって，$|BN| = |AH| - |AB| = \dfrac{1}{2}(|AC| + |BC| - |AB|)$.
ところで，$\triangle ADE \sim \triangle ABC$ だから，

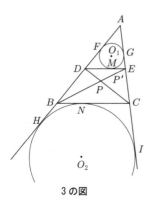

3 の図

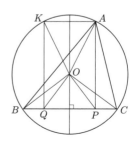

4 の図

$$\frac{|AB|}{|AD|} = \frac{|BC|}{|DE|} = \frac{|AC|}{|AE|} = k$$

とおくことができる. よって,

$$\frac{|BN|}{|BC|} = \frac{\frac{1}{2}(|AC| + |BC| - |AB|)}{|BC|} = \frac{k(|AE| + |DE| - |AD|)}{2k \times |DE|}$$

$$= \frac{|AE| + |DE| - |AD|}{2|DE|} = \frac{|EM|}{|DE|}.$$

4. $\alpha = (\angle CAB)$, $\beta = (\angle ABC)$, $\gamma = (\angle BCA)$, $\delta = (\angle COP)$ とおく. 辺 BC の垂直 2 等分線に関して A および P と対称な点を, それぞれ, K, Q とおく. また, $\triangle ABC$ の外接円の半径を R とする. このとき, $|OA| = |OB| = |OC| = |OK| = R$ である. また, $\square KQPA$ は長方形なので, $|QP| = |KA|$ である. ここで, 次が成り立つ:

$(\angle AOK) = (\angle AOB) - (\angle KOB) = (\angle AOB) - (\angle AOC) = 2\gamma - 2\beta \geq 60°.$

$(\angle AOK) \geq 60°$ および $|OA| = |OK| = R$ より, $|KA| \geq R, |QP| \geq R$ である. よって, $\triangle OQC$ に三角不等式を適用して, 次を得る:

$$|OP| + R = |OQ| + |OC| > |QC| = |QP| + |PC| \geq R + |PC|.$$

これより, $|OP| > |PC|$ を得る. よって, $(\angle PCO) > \delta$ であり,

$$\alpha = \frac{1}{2}(\angle BOC) = \frac{1}{2}(180° - 2(\angle PCO)) = 90° - (\angle PCO)$$

だから, $\alpha + \delta < 90°$ を得る.

5. P は OA に垂直で O を通る直線 ℓ 上にある. 2 点 A, B を通り, 直線 ℓ に接するような円周 C を考え, その接点を P' とする. P が P' 以外の ℓ 上の点であるとき, P は円周 C の外側にあり, $\angle APB$ は円周 C における円周角 $\angle AP'B$ より小さい. よって, $P = P'$ が $\angle APB$ を最大にする P である.

$P = P'$ のとき, C の中心を Q, Q から OA に下ろした垂線の足を H とすると,

$$|QA| = |QP| = \frac{3}{4}|OA| = \frac{3}{2}, \qquad |HA| = \frac{1}{4}|OA| = \frac{1}{2}$$

より, $a = |OP| = |QH| = \sqrt{|QA|^2 - |HA|^2} = \sqrt{2}$.

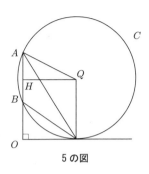

5 の図

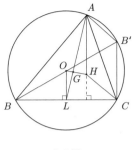

6 の図

6. (1) $\triangle ABC$ の外接円で, B を通る直径の他端を B' とする.
$(\angle BCB') = 90°$ より, $B'C \perp BC$.
一方, H は垂心だから, $AH \perp BC$. よって,

$$B'C \parallel AH. \qquad ①$$

同様に, $(\angle B'AB) = 90°$, $CH \perp AB$ より,

$$B'A \parallel CH. \qquad ②$$

①, ② より, $\square AHCB'$ は平行四辺形となり,

$$|AH| = |B'C|. \qquad ③$$

$OL \perp BC$ より, $OL \parallel B'C$ で, O が BB' の中点だから, 中点連結定理より,

$$|BL| = |LC|, \qquad ④$$
$$|B'C| = 2|OL|. \qquad ⑤$$

よって, ③, ⑤ より, $|AH| = 2|OL|$.

(2) 線分 AL と OH の交点を G' とする.
$OL \perp BC$, $AH \perp BC$ だから, $OL \parallel AH$ で, (1) より $|AH| = 2|OL|$ だから,

$$|AG'| : |G'L| = |AH| : |OL| = 2 : 1.$$

④ より, AL は中線だから, G' は $\triangle ABC$ の重心となる; つまり, $G' = G$.
よって, G は線分 OH 上にあり, これを $2:1$ に内分する.

> **注** 　直線 OGH を $\triangle ABC$ の**オイラー線**という.

7. 一般性を失うことなく, $b \geq c$ と仮定してよい. 辺 BC の中点を M とする. 点 A, I, G から直線 BC に下ろした垂線の足を, それぞれ, A', I', G' とする. 次を得る (本章練習問題 (初級 2) 参照):
$$|MI'| = |MB| - |BI'| = \frac{a}{2} - \left(\frac{a+b+c}{2} - b \right) = \frac{b-c}{2}.$$
また, ピタゴラスの定理より, $c^2 - |A'B|^2 = |AA'|^2 = b^2 - (a - |A'B|)^2$ だから,
$$|A'B| = \frac{a^2 + c^2 - b^2}{2a}.$$
したがって, 次を得る:
$$|MG'| = \frac{1}{3}|MA'| = \frac{1}{3}||MB| - |A'B||$$
$$= \frac{1}{3}\left(\frac{a}{2} - \frac{a^2 + c^2 - b^2}{2a} \right) = \frac{b^2 - c^2}{6a}.$$
ところで, 条件 $IG \perp BC$ は, $I' = G'$ と同値であるが, これは $|MI'| = |MG'|$ と同値である. これは, $(b-c)(b+c-3a) = 0$ と表せるから, $b = c$ または $b + c = 3a$ を得る.

8. 下図に示すように, $(\angle AH_a B) = (\angle BH_b A) = 90°$ だから, H_a, H_b は F を中心とする同一円周上にある. R は弦 $H_a H_b$ の中点だから, 直線 RF は線分 $H_a H_b$ の垂直 2 等分線である.

同様にして, 直線 QE は線分 $H_c H_a$ の垂直 2 等分線, 直線 PD は線分 $H_b H_c$ の垂直 2 等分線であることがわかる. したがって, 3 直線 PD, QE, RF は $\triangle H_a H_b H_c$ の外心で交わる.

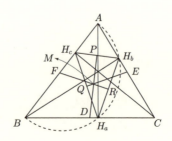

● 上級

1. ω_1 と ω_2 の交点のうち, W でない方を Z とおく.

円周角の定理より, $(\angle XZW) = (\angle YZW) = 90°$ となるので, 3点 X, Y, Z は同一直線上に存在する. ここで, $Z = H$ ならば既に示されているので, 以下では $Z \neq H$ とする.

4点 C, M, Z, W が同一円周上にあるので, $(\angle AMZ) = (\angle CWZ)$ である. 同様に, $(\angle ANZ) = (\angle BWZ)$ なので, $(\angle AMZ) + (\angle ANZ) = 180°$ となる. このことから, 4点 M, A, N, Z は同一円周上にあることがわかる.

一方, $(\angle AMH) = (\angle ANH) = 90°$ であるから, 4点 M, A, N, H も同一円周上にある.

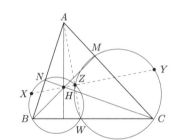

したがって, 5点 M, A, N, H, Z が同一円周上に存在し,

$$(\angle NZH) = (\angle NAH) = 90° - (\angle ABC)$$

となる. 以上より,

$$\begin{aligned}(\angle HZW) &= (\angle NZW) - (\angle NZH) \\ &= (180° - (\angle NBW)) - (90° - (\angle ABC)) = 90°\end{aligned}$$

なので, $(\angle XZW) = (\angle YZW) = 90°$ とあわせて, 3点 X, Y, H は同一直線上にあることが示された.

2. 直線 ED と, $\triangle ABC$ の外接円の交点で, E でない方を T とする. 円周角の定理から, $(\angle CTD) = (\angle EFD)$, $(\angle CDT) = (\angle EDF)$ だから,

$$\triangle DCT \sim \triangle DEF.$$

よって,

$$|EF| \cdot |DT| = |DF| \cdot |TC|. \tag{1}$$

AE が線分 CD の垂直 2 等分線であることに注意すると，

$$|AD| = |AC|, \quad (\angle DAE) = (\angle CAE), \quad (\angle ACD) = (\angle ADC).$$

これより，$|EB| = |EC| = |ED|$. よって，点 E が $\triangle BCD$ の外心である．よって，$(\angle EBD) = (\angle EDB)$. また，円周角の定理と対頂角の性質より

$$(\angle ABF) = (\angle AEF) = (\angle ACF) = (\angle ADC) = (\angle BDF)$$

だから，$\triangle EBF \equiv \triangle EDF$.

よって，$(\angle BEF) = (\angle DEF)$. これから，$CD$ が $\angle TCK$ の 2 等分線であることがわかる．実際，$(\angle TCB) = (\angle TEB)$ だから，$(\angle TCB) = 2(\angle BEF)$. また，$(\angle BEF) = (\angle BCD)$ だから，$(\angle TCB) = 2(\angle BCD)$.

$\triangle CKT$ において，CD が $\angle TCK$ の 2 等分線だから，

$$|TC| \cdot |DK| = |DT| \cdot |KC| \tag{2}$$

を得る．(1), (2) より，

$$|EF| \cdot |DK| = |DF| \cdot |KC|. \tag{3}$$

(3) より，次を得る：

$$|DK| \cdot |EF| = |AC| \cdot |DF| \iff |AC| \cdot |DF| = |KC| \cdot |DF|.$$

ところで，$|AB| > |AC|$, $D \neq B$ だから，$|DF| \neq 0$ である．よって，

$$|DK| \cdot |EF| = |AC| \cdot |DF| \iff |CK| = |AC|.$$

3. OA に関して E, F は，それぞれ，B, C と同じ側にあるとしても一般性を失わない．円周 Γ の半径を R とする．

$0° < (\angle AOB) < 120°$ より，C, F, A, E は円周 Γ 上に，この順にあり，弧 $AE =$ 弧 AF なので，円周角の定理より，$(\angle ACE) = (\angle ACF)$ である．

$0° < (\angle AOB) < 120°$ より，J は線分 AC 上にあるので，

$$(\angle JCE) = (\angle JCF) \tag{1}$$

また，$(\angle AOD) = \dfrac{1}{2}(\angle AOB) = (\angle OAC)$ より，$DO \mathbin{/\!/} AC$ であり，$DA \mathbin{/\!/} OJ$ なので，$\square DOJA$ は平行四辺形である．したがって，$|AJ| = |DO| = R$ で

あり，$|AO| = |AE| = |AF|$ なので，O, E, F, J は A を中心とする半径 R の円周上にある．

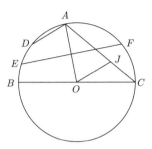

よって，
$$(\angle JEF) = \frac{1}{2}(\angle JAF) = \frac{1}{2}(\angle CEF)$$
を得る．□$DOJA$ は平行四辺形より，線分 DJ は線分 OA の中点，すなわち，線分 EF の中点を通るので，D, J は EF に関して反対側にある．$0° < (\angle AOB) < 120°$ より，C, F, D, E はこの順に円周 Γ 上にある．したがって，C, D は EF に関して反対側にある．よって，C, J は EF に関して同じ側にあることがわかり，
$$(\angle JEF) = (\angle JEC) \tag{2}$$
を得る．(1), (2) より，J は $\triangle CEF$ の内心である．

4. 条件式
$$(\angle PBA) + (\angle PCA) = (\angle PBC) + (\angle PCB)$$
の両辺の和は，$(\angle ABC) + (\angle ACB)$ となるので，条件式は
$$(\angle IBC) + (\angle ICB) = (\angle PBC) + (\angle PCB),$$
すなわち，$(\angle BIC) = (\angle BPC)$ と同値である．円周角の定理の逆より，P は $\triangle BCI$ の外接円上にある．また，$\triangle BCI$ の外心 O は直線 AI 上にある．
$\triangle ABC$ の $\angle A$ 内の傍心を D とすると，
$$(\angle IBD) = (\angle ICD) = 90°$$
より，点 O は線分 ID の中点である．ここで，A, I, D は一直線上にあるの

で，A, I, O も一直線上にある．

これらを合わせると，A を中心とする半径 $|AI|$ の円周と $\triangle BCI$ の外接円が I で接することがわかり，$|AP| \geq |AI|$ である．

なお，等号は P が I と一致するときのみ成立する．

5. $\triangle ABC$ の外心を O，外接円の半径を r とする．線分 OH の中点を T とし，T を中心とする半径 $\dfrac{r}{2}$ の円周 Γ が求める円周であることを示す．

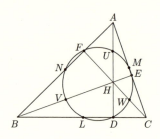 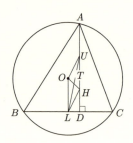

まず，3点 L, U, D が円周 Γ 上にあることを示す．

練習問題 (中級 6) より，$|AH| = 2|OL|$ だから，

$$|OL| = |HU| = |AU|.$$

$OL \parallel AD$ より，$OL \parallel UH$, $OL \parallel AU$．

よって，$\square OLHU$, $\square OLUA$ はともに平行四辺形となる．よって，

$\square OLHU$ の対角線 OH の中点 T は対角線 LU の中点，

$\square OLUA$ の対辺について，$|LU| = |OA| = r$．

よって，2点 L, U は確かに円周 Γ 上にある．

さらに，$(\angle LDU) = 90°$ であるから，円周角の定理とその逆によって，点 D もまた線分 LU を直径とする円周 Γ 上にある．

まったく同様にして，3点 M, V, E も，3点 N, W, F も円周 Γ 上にあることが示されるから，9点はすべて円周 Γ 上にある．

> **注** 上の円周 Γ を $\triangle ABC$ の**九点円**という．この章の例題 8, 練習問題 (中級 6) などを合わせると，次のことがわかる：
>
> (1) $\triangle ABC$ の外心 O, 重心 G, 九点円の中心 T, 垂心 H はこの順に同一直線上にあり，G は線分 OH を $1:2$ に内分する点で，T は線分 OH の中点である．
>
> (2) $\triangle ABC$ の中点三角形 LMN と垂足三角形 DEF の外接円はともに $\triangle ABC$

の九点円となり，一致する．

(3) $\triangle ABC$ の外接円は，その 3 つの傍心 K_a, K_b, K_c を結んでできる $\triangle K_a K_b K_c$ の九点円である．

6. $\triangle ABC$ の内部に点 P を，$\triangle A_1 A_2 P$ が正三角形となるようにとる．すると $A_2 P$ と $B_1 B_2$ は長さが等しく平行なので，$\square A_2 B_1 B_2 P$ は菱形となる．同様に，$\square A_1 C_2 C_1 P$ も菱形となる．よって条件から，$\triangle P B_2 C_1$ は正三角形となる．

ここで，

$$\alpha = (\angle A_2 B_1 B_2), \quad \beta = (\angle A_1 A_2 B_1), \quad \gamma = (\angle A_1 C_2 C_1)$$

とおくと，

$$\alpha + \beta = 360° - ((\angle C B_1 A_2) + (\angle C A_2 B_1)) = 240°$$

となる．一方，

$$\alpha + \gamma = (\angle A_2 P B_2) + (\angle A_1 P C_1) = 360° - ((\angle A_1 P A_2) + (\angle B_2 P C_1)) = 240°$$

となるので，$\beta = \gamma$ を得る．よって，$|A_1 B_1| = |C_1 A_1|$．同様に，$|A_1 B_1| = |B_1 C_1|$ も得られるから，$\triangle A_1 B_1 C_1$ は正三角形となる．

以上より，直線 $A_1 B_2, B_1 C_2, C_1 A_2$ は，それぞれ，線分 $B_1 C_1, C_1 A_1, A_1 B_1$ の垂直 2 等分線となり，$\triangle A_1 B_1 C_1$ の外心で交わる．

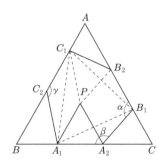

注 上の解答では触れなかったが，

$$(\angle A B_2 C_1) = (\angle B C_2 A_1) = (\angle C A_2 B_1), \quad |B_2 C_1| = |C_2 A_1| = |A_2 B_1|$$

も容易に得られ，これより

$$\triangle AB_2C_1 \equiv \triangle BC_2A_1 \equiv \triangle CA_2B_1$$

が導かれるから，上の図は非常に対称性の高い図形であることがわかる．

7. 点 Q を通って PA, PB に平行線を引き，AD, BC との交点を，それぞれ，X, Y とする．PA, PB の，それぞれ，A, B をこえた延長上に点 T, S をとると，$(\angle QXD) = (\angle TAD) = (\angle QDA) = (\angle QDX)$ だから，

$$|QX| = |QD|. \qquad ①$$

同様に，$(\angle QYC) = (\angle SBC) = (\angle QCB) = (\angle QCY)$ より，

$$|QY| = |QC|. \qquad ②$$

ところが，$|QD| = |QC|$ だから，

$$|QX| = |QY|. \qquad ③$$

また，接線の長さが等しいことから，

$$|PA| = |PB|. \qquad ④$$

ここで，AD, BC が PQ と交わる点を，それぞれ，R, R' とすると，

$$|PR| : |QR| = |PA| : |QX|, \qquad ⑤$$
$$|PR'| : |QR'| = |PB| : |QY|. \qquad ⑥$$

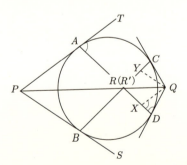

よって，③，④，⑤，⑥ら，$|PR| : |QR| = |PR'| : |QR'|$．

点 R, R' は線分 PQ を同じ比に分ける点であるから一致し，AD, BC, PQ は 1 点 $R = R'$ で交わる．

また，2 点 A と D，2 点 B と C が，それぞれ，PQ に関して同じ側で，$|PA| =$

$|QX|$ のとき, AX, BY はいずれも PQ に平行になるから, $AD \parallel BC \parallel PQ$ である.

第 5 章

● 初級

1. (第 1 の $\iff$ の証明):
($\implies$ の証明) 外接円を Γ し, その中心を O とする. $\angle BOD$ の一方を α とし, 他方を β とすると,

$$(\angle BAD) = \frac{1}{2}\alpha, \qquad (\angle BCD) = \frac{1}{2}\beta$$

であるから,

$$(\angle BAD) + (\angle BCD) = \frac{1}{2}(\alpha + \beta) = \frac{1}{2} \times 360° = 180°.$$

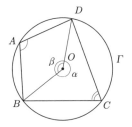
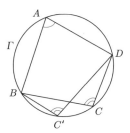

($\impliedby$ の証明) $\triangle ABD$ の外接円を Γ とし, Γ に内接する $\square ABC'D$ をとる.
上の証明より,

$$(\angle BAD) + (\angle BC'D) = 180°. \qquad ①$$

条件より,

$$(\angle BAD) + (\angle BCD) = 180°. \qquad ②$$

よって円周角の定理の逆 (前章例題 7) より, 4 点 B, C', C, D は同一円周上にある. この円周は $\triangle BCD$ の外接円であり, したがって, $\triangle ABD$ の外接円 Γ でもあり, 4 点 A, B, C, D は Γ 上にある. つまり, $\square ABCD$ は円

周に内接する．

(第2の $\iff$ の証明) 外角の定義より明らかだから，省略する．

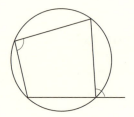

2. 点 P が Γ の外部にあるとき (下図左)．P と O を結ぶ直線の Γ との交点を A', B' とする．方冪の定理より，

$$|PA| \cdot |PB| = |PA'| \cdot |PB'| = (|PO| - |OA'|)(|PO| + |OB'|)$$
$$= (a-r)(a+r) = a^2 - r^2.$$

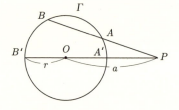
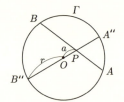

点 P が Γ の内部にあるとき (上図右)．P と O を結ぶ直線と Γ との交点を A'', B'' とすると，方冪の定理より，

$$|PA| \cdot |PB| = |PA''| \cdot |PB''| = (|OA''| - |OP|)(|OB''| + |OP|)$$
$$= (r-a)(r+a) = r^2 - a^2.$$

注 A', B', A'', B'' の決め方によって，$|PA'|$ と $|PB'|$ ($|PA''|$ と $|PB''|$) との長さが入れ替わることがあるが，最後の式は同じ．

3. $(\angle BAC) = 180° - ((\angle ABC) + (\angle ACB)) = 180° - (70° + 50°) = 60°$．
BD と CE の交点を I とすると，I は $\triangle ABC$ の内心だから，次が成り立つ：

$$(\angle BAI) = (\angle CAI) = 30°, \qquad (\angle IBC) = \frac{1}{2}(\angle ABC) = 35°,$$

$$(\angle ICB) = \frac{1}{2}(\angle ACB) = 25°.$$

よって，$(\angle DIC) = (\angle IBC) + (\angle ICB) = 35° + 25° = 60°$.
$(\angle EAD) = (\angle BAC) = 60° = (\angle DIC)$ だから，内接四角形の定理より，4 点 A, E, I, D は同一円周上にある．よって，円周角の定理より，

$$(\angle EDI) = (\angle EAI) = 30°.$$

ゆえに，$(\angle AED) = (\angle EBD) + (\angle EDB) = 35° + 30° = 65°$．

4. EF, EC, CD を結ぶ．接弦定理より，$(\angle PEF) = (\angle PFE) = (\angle EBF)$.

$AF \perp BF$ だから，$(\angle BAF) = 90° - (\angle EBF) = \frac{1}{2}(\angle EPF)$．

いま，P を中心とする半径 $|PE|(= |PF|)$ なる円周を考え，これと直線 BA との交点のうち E 以外の方を A' とする．円周角と中心角の関係から，

$$(\angle EA'F) = \frac{1}{2}(\angle EPF) = (\angle BAF)$$

が成立するから，点 A は点 A' と一致する．したがって，$|PA| = |PE|$ であり，

$$(\angle PAE) + (\angle ABC) = (\angle PEA) + (\angle PEC) = 90°$$

が成り立つから，$BC \perp AP$ である．したがって，C は $\triangle ABD$ の垂心であり，$CD \perp AB$ となる．ゆえに，$CE \perp AB$ より，3 点 D, C, E は同一直線上にある．

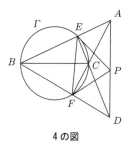
4 の図

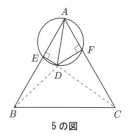
5 の図

5. 頂点 A から対辺 BC に下ろした垂線の長さを h とおくと，

$$h = \sqrt{|AB|^2 - \left(\frac{|BC|}{2}\right)^2} = \sqrt{5^2 - 3^2} = 4$$

なので，次が成立する：

$$[\triangle ABC] = \frac{1}{2} \cdot 6 \cdot 4 = 12.$$

線分 AD は円周 $AEDF$ の直径なので，$(\angle AED) = (\angle AFD) = 90°$ である．

よって，以下が成り立つ：

$$[\triangle ABD] = \frac{1}{2}|AB| \cdot |DE| = \frac{1}{2} \cdot 5 \cdot 1 = \frac{5}{2},$$

$$[\triangle ACD] = \frac{1}{2}|AC| \cdot |DF| = \frac{1}{2} \cdot 5 \cdot 2 = 5.$$

よって，

$$[\triangle DBC] = [\triangle ABC] - [\triangle ABD] - [\triangle ACD]$$

$$= 12 - \frac{5}{2} - 5 = \frac{9}{2}.$$

6. 直線 BC について A と反対側に点 E' を，$\triangle ADE$ と $\triangle BCE'$ が合同になるように，とる．

$\square ABCD$ が正方形であることから，$|AC| = |BD|$，$(\angle DAC) = (\angle CBD)(= 45°)$ であり，E' のとり方から，$|AE| = |BE'|$，$(\angle EAD) = (\angle E'BC)$ である．角度についての2つの式より，次を得る：

$$(\angle EAC) = (\angle EAD) + (\angle DAC) = (\angle E'BC) + (\angle CBD) = (\angle E'BD).$$

これより，$\triangle ACE \equiv \triangle BDE'$ (S.A.S).

よって，$(\angle BED) + (\angle BE'D) = (\angle BED) + (\angle AEC) = 180°$ となり，内接四角形の定理より，4点 B, D, E, E' は同一円周上にある．さらに，

$$(\angle BEC) + (\angle BE'C) = (\angle BEC) + (\angle AED)$$

$$= ((\angle BED) - (\angle CED)) + ((\angle AEC) + (\angle CED))$$

$$= (\angle BED) + (\angle AEC) = 180°$$

だから，内接四角形の定理より，B, C, E, E' は同一円周上にある．

これらより，C, D は $\triangle BEE'$ の外接円上にあり，特に E は正方形 $ABCD$

第 5 章　185

の外接円上にある.

7. 辺 AB, AC の中点を,それぞれ,M, N とすると,$(\angle AMO) = (\angle ANO)$ $= 90°$ だから,$(\angle AIO) = 90°$ と合わせて,円周角の定理の逆より,点 A, O, M, N, I は同一円周上にある.よって,特に $\square AMIN$ は円周に内接するので,$(\angle ANI) = (\angle BMI)$ を得る.

三角不等式より,$|BC| > |AB| - |AC| = 1 = |BM|$ であるから,辺 BC 上に $|BM| = |BD|$ となる点 D をとることができる;

$$|BM| = |BD|, \qquad (\angle MBI) = (\angle DBI)$$

より,$\triangle MBI \equiv \triangle DBI$ (S.A.S.).

よって,$(\angle BMI) = (\angle BDI)$.これらから,$(\angle ANI) = (\angle BDI)$ であるから,$(\angle NCI) = (\angle DCI)$ より,

$$(\angle NIC) = (\angle ANI) - (\angle NCI) = (\angle BDI) - (\angle DCI) = (\angle DIC).$$

したがって,$\triangle NCI \equiv \triangle DCI$ (A.A.S.),よって,$|CN| = |CD|$ となるから,次を得る:

$$|BC| = |BD| + |CD| = |BM| + |CN| = 1 + \frac{3}{2} = \frac{5}{2}.$$

A から直線 BC に下ろした垂線の足を H とする.$2^2 + \left(\frac{5}{2}\right)^2 > 3^2$ より,$\triangle ABC$ は鋭角三角形であり,H は辺 BC 上にある.

$$|AB|^2 - |BH|^2 = |AH|^2 = |AC|^2 - |CH|^2$$

より,$|BH| = x$ とすると,

$$2^2 - x^2 = 3^2 - \left(\frac{5}{2} - x\right)^2.$$

これを解いて,$x = \frac{1}{4}$ を得るので,$|AH| = \frac{3\sqrt{7}}{4}$ である.したがって,

$$[\triangle ABC] = \frac{1}{2}|BC| \cdot |AH| = \frac{15\sqrt{7}}{16}.$$

8. $\triangle ABC$ において,B, C から対辺に下ろした垂線の足を,それぞれ,K, L とする.$\triangle ABD$ の外接円の直径は線分 AB だから,$(\angle AEB) = 90°$ で

ある. 角度を比較することで, $\triangle AEB \sim \triangle ALE$ がわかる. よって, $\dfrac{|AE|}{|AL|} = \dfrac{|AB|}{|AE|}$ であるから, $|AE|^2 = |AB| \cdot |AL|$ を得る.

まったく同様にして, $\triangle AFC \sim \triangle AKF$ から, $|AF|^2 = |AC| \cdot |AK|$ を得る.

$(\angle BKC) = (\angle BLC) = 90°$ だから, 円周角の定理の逆から, 4点 B, C, K, L は同一円周上にあることがわかる. 方冪の定理を適用して,

$$|AB| \cdot |AL| = |AC| \cdot |AK|.$$

これらから, $|AE|^2 = |AF|^2$ が得られるから, $|AE| = |AF|$ である.

● 中級

1. 点 P に関して点 B と対称な点を B' とし, 点 Q に関して点 C と対称な点を C' とする. 中点連結定理より, $PM \mathbin{/\mkern-5mu/} B'C$, $QM \mathbin{/\mkern-5mu/} C'B$ であるから, $B'C \perp C'B$ を示せばよい.

$|AP| = |BP| = |B'P|$ より, P は $\triangle ABB'$ の外心であり, 線分 BB' は $\triangle ABB'$ の外接円の直径となる. よって, $(\angle BAB') = 90°$ であるから, 次を得る:

$$(\angle CAB') = (\angle BAB') - (\angle BAC) = 90° - 30° = 60°.$$

また,

$$(\angle CXB') = (\angle XBC) + (\angle XCB) = 30° + 30° = 60°$$

であるから, 内接四角形の定理より, 4点 A, X, C, B' は同一円周上にある. 特に, $(\angle XAC) = (\angle XB'C)$ である.

P を Q に, B' を C' に置き換えることにより, まったく同様にして $(\angle XAB) = (\angle XC'B)$ を得る.

2直線 $B'C$ と $C'B$ の交点を D とすると,

$$\begin{aligned}
(\angle B'DC') &= 360° - ((\angle XB'C) + (\angle XC'B) + (360° - (\angle B'XC'))) \\
&= 360° - (30° + 240°) = 90°.
\end{aligned}$$

以上より, 題意は示された.

2. $|AB| = |BP|$ より, $(\angle BAP) = (\angle BPA)$ であり, $(\angle BPA) = (\angle DPC)$ (対頂角) なので, $(\angle BAP) = (\angle DPC)$ である. これと, $(\angle ABC) = (\angle BDC)$ より, 次がわかる:

$$(\angle ACB) = 180° - (\angle ABC) - (\angle BAP)$$
$$= 180° - (\angle BDC) - (\angle DPC) = (\angle ACD).$$

2つの三角形 $\triangle ABC$, $\triangle ADC$ について, $|AB| = |AD|$, 辺 AC は共通, $(\angle ACB) = (\angle ACD)$ なので, $(\angle ABC) = (\angle ADC)$ または $(\angle ABC) + (\angle ADC) = 180°$ であるが, $(\angle ABC) = (\angle BDC) < (\angle ADC)$ なので, $(\angle ABC) + (\angle ADC) = 180°$ が成立している. 内接四角形の定理より, □$ABCD$ は円周に内接している.

$(\angle ACB) = (\angle ACD) = \theta$ とおく. 円周角の定理より,

$$(\angle ABP) = (\angle ACD) = \theta, \quad (\angle CBP) = (\angle CAD) = (\angle BCD) = 2\theta$$

なので, $(\angle ABC) = (\angle ABP) + (\angle CBP) = 3\theta$ となり, $(\angle BDC) = 3\theta$ を得る.

よって,

$$180° = (\angle CBP) + (\angle BCD) + (\angle BDC) = 2\theta + 2\theta + 3\theta = 7\theta.$$

よって, $\theta = \dfrac{180°}{7}$, したがって, $(\angle BCD) = 2\theta = \dfrac{360°}{7}$.

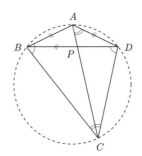

3. Γ の中心を O とし, OX と AB の交点を M とする. $\triangle XOA$ と $\triangle XAM$ は相似なので, $|XO| \cdot |XM| = |XA|^2$ である.

一方, 方冪の定理より, $|XC| \cdot |XD| = |XA|^2$ だから, 方冪の定理の逆より, 4点 O, M, D, C が同一円周上にあることがわかる. よって, $(\angle XMD) =$

$(\angle OCD) = (\angle ODC) = (\angle OCM)$ である. ゆえに, $(\angle CMG) = (\angle GMD)$.

ここで, 直線 CM 上に点 Z を, $MX /\!/ DZ$ となるように選ぶ. $\triangle DMZ$ は, $|MD| = |MZ|$ なる二等辺三角形である. よって,

$$|CG| : |GD| = |CM| : |MD| = |CM| : |MZ| = |CX| : |XD|$$

より, 次が得られる:

$$|CG| \cdot |XD| = |GD| \cdot |CX| \qquad\qquad ①$$

次に, 直線 GX 上に, 点 X' を, $(\angle GFD) = (\angle DFX')$, $X' \neq G$ となるように選ぶ. さらに, 線分 $X'F$ 上に点 W を, $CF /\!/ GW$ となるように選ぶ.

$$|X'D| : |DG| = |X'F| : |FG| = |X'F| : |FW| = |X'C| : |CG|$$

より, 次が得られる:

$$|CG| \cdot |X'D| = |X'C| \cdot |GD| \qquad\qquad ②$$

①, ②より, $\dfrac{|XD|}{|XC|} = \dfrac{|X'D|}{|X'C|}$ なので, $X = X'$. よって, $(\angle GFD) = (\angle XFD)$.

一方, $\dfrac{|DG|}{|XD|} = \dfrac{|CG|}{|XC|} < 1$ であり, $(\angle XDB) = (\angle CDF) < 90°$ より, 点 H は直線 CX から見て, B 側に一つ定まる. そこで, $\triangle GFX$ の外接円と直線 BF の, F 以外の交点を H' とすると, 円周角の定理より,

$$(\angle H'XG) = (\angle H'FG) = (\angle H'FX) = (\angle H'GX)$$

だから, $\triangle H'GX$ は $|H'G| = |H'X|$ なる二等辺三角形である. したがって, $H = H'$ である. ゆえに, 4 点 X, F, G, H は $\triangle XFG$ の外接円上にあることになる.

4. 次ページ左図のように, HB, HC, A_0B, A_0C, A_0A を結ぶ. H が垂心であることから, 次がわかる:

$$\angle BHC = 180° - (90° - (\angle B)) - (90° - (\angle C))$$
$$= (\angle B) + (\angle C) = 180° - (\angle A) = (\angle BA_0C).$$

(最後の等号では, $\square ABA_0C$ が外接円 Γ に内接していることを利用した.)
線分 HA_0 は辺 BC の中点 A_1 を通るから, $\square BHCA_0$ は平行四辺形であ

るので，$\angle ACA_0 = 90°$ が成り立つ．したがって，線分 AA_0 は外接円 Γ の直径である．

まったく同様にして，線分 CC_0, BB_0 も外接円 Γ の直径であることが示される．

したがって，$\triangle ABC$ と $\triangle A_0B_0C_0$ は点 O に関して対称であり，したがって，H と H_0 も O に関して対称の位置にある：つまり，O は線分 HH_0 の中点である．よって，題意は証明された．

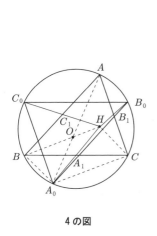
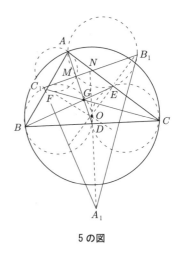

4 の図　　　　　　　　　　　　5 の図

5. D, E, F を，それぞれ，辺 BC, CA, AB の中点とする．B_1C_1, C_1A_1, A_1B_1 は，それぞれ，線分 AG, BG, CG の垂直 2 等分線であるから，A_1, B_1, C_1 は，それぞれ，$\triangle GBC$, $\triangle GCA$, $\triangle GAB$ の外接円の中心（外心）である．したがって，A_1D, B_1E, C_1F は，それぞれ，辺 BC, CA, AB の垂直 2 等分線であるから，3 直線 A_1D, B_1E, C_1F は $\triangle ABC$ の外心 O で交わる．このことから，A_1D, B_1E, C_1F が $\triangle A_1B_1C_1$ の中線であることを証明すれば十分である．

線分 AG の中点を M とし，A_1D の延長と B_1C_1 との交点を N とする．以下で，N が辺 B_1C_1 の中点であることを示す．

$(\angle AMB_1) = (\angle AEB_1) = 90°$ だから，4 点 A, M, E, B_1 は線分 AB_1 を直径とする同一円周上にある．円周角の定理より，$(\angle MAE) = (\angle MB_1E)$．

同様にして，4 点 C, E, O, D も同一円周上にあることがわかり，内接四

角形の定理より，$(\angle ECD) = (\angle EON)$ を得る.

したがって，$\triangle ADC \sim \triangle B_1NO$ であるから，

$$\frac{|NB_1|}{|NO|} = \frac{|AD|}{|CD|}. \qquad \textcircled{1}$$

同様にして，$(\angle AMC_1) = (\angle AFC_1) = 90°$ より，$\square AMFC_1$ が円周に内接することがわかり，$(\angle MAF) = (\angle MC_1F)$ が結論され，また，$(\angle ODB) = (\angle OFB) = 90°$ より，$\square DOFB$ も円周に内接することがわかるから，$(\angle FBD) = (\angle FON)$ となる.

したがって，$\triangle ADB \sim \triangle C_1NO$ であるから，

$$\frac{|NC_1|}{|NO|} = \frac{|AD|}{|BD|}. \qquad \textcircled{2}$$

ところで，$|CD| = |BD|$ だから，$\textcircled{1}$, $\textcircled{2}$を合わせて，$|NB_1| = |NC_1|$ がわかるから，N は線分 B_1C_1 の中点である.

同様にして，B_1E, C_1F も $\triangle A_1B_1C_1$ の中線である. よって，外心 O は $\triangle A_1B_1C_1$ の重心である.

6. $(\angle PBC_1) = (\angle OC_1A_1)$, $(\angle OC_1A_1) = (\angle OBA_1)$ だから，$(\angle PBA) = (\angle OBC)$ である. 同様にして，$(\angle PAB) = (\angle OAC)$ も得られる.

点 P の辺 BC, AC への射影を，それぞれ，M, N とする.

$$|BC_1| \cdot |BH| = |BO| \cdot |BP| \cos(\angle OBA) \cos(\angle PBA) = |BA_1| \cdot |BM|$$

であり，線分 HC_1 の垂直 2 等分線と線分 MA_1 の垂直 2 等分線の交点 Q は線分 OP の中点だから，4 点 H, C_1, A_1, M は Q を中心とする同一円周上にある.

まったく同様にして，4 点 H, C_1, N, B_1 も Q を中心とする同一円周上にあることが示される. したがって，6 点 A_1, B_1, C_1, H, M, N は同一円周上にある.

7. X を直線 BO と円周 Γ との交点$(\neq B)$ とする. 線分 EG, BX は，それぞれ，円周 Γ', Γ の直径だから，$(\angle EAG) = (\angle BAX) = 90°$ であり，したがって，3 点 A, G, X は同一直線上にある.

Γ' は点 A で Γ に接しているので，$(\angle AEG) = (\angle ABX) = (\angle ABH)$ だから，EG と BH は平行である. 線分 AA' は Γ' の直径だから，$(\angle AGA') =$

$(\angle AGE) + (\angle EGA') = 90°$ である．よって，$(\angle AGE) + (\angle AEG) = 90°$ から，$(\angle AEG) = (\angle EGA') = (\angle EGH)$ を得る．よって，□$BEGH$ は平行四辺形であり，次を得る：

$$|GH| = |BE|. \tag{1}$$

一方，EF と BC もまた平行だから，$(\angle EFD) = (\angle FDC)$ を得る．よって，

$$(\angle EFD) = (\angle FDC) = (\angle DAF) = (\angle DEF)$$

が得られ，これより次が得られる：

$$|DF| = |DE|. \tag{2}$$

特に，$(\angle ADB) = (\angle AFD)$ で

$$(\angle BAD) = (\angle BDE) = (\angle DEF) = (\angle EFD) = (\angle CDF) = (\angle CAD)$$

であるから，$\triangle ABD \sim \triangle ADF$ がわかり，次を得る：

$$\frac{|AF|}{|AD|} = \frac{|DF|}{|BD|}. \tag{3}$$

また，$\triangle ABD \sim \triangle DBE$ も成り立つから，次を得る：

$$\frac{|DE|}{|AD|} = \frac{|BE|}{|BD|}. \tag{4}$$

上の $(1), (2), (3), (4)$ を合わせて，次を得る：

$$\frac{|GH|}{|DF|} = \frac{|BE|}{|DE|} = \frac{|BD|}{|AD|} = \frac{|DF|}{|AF|}.$$

これより，求める等式 $|DF|^2 = |AF| \cdot |GH|$ を得る．

8. $\triangle AMN$ の外接円 Γ と $\angle ABC$ の2等分線の交点を R' とする．

$$(\angle MNR') = (\angle MAR') = (\angle NAR') = (\angle NMR')$$

より，$|MR'| = |NR'|$ である．よって，R' は線分 MN の垂直2等分線，つまり $\angle MON$ の2等分線上にある．R の一意性と併せて，$R = R'$ となり，4点 A, M, R, N は同一円周 Γ 上にある．

次に，AR の延長と辺 BC の交点を X とすると，

$$(\angle MBX) = (\angle MBC) = (\angle ANM) = (\angle ARM)$$

だから，4点 B, M, R, X は同一円周上にある．同様にして，4点 C, N, R, X

も同一円周上にあるので，△BMR の外接円と △CNR の外接円は，線分 BC 上の点 X を共有する．

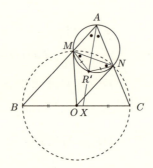

9. 条件 $(\angle BAD) = (\angle CAD)$ と EF が線分 AD の垂直 2 等分線であることより，$(\angle FDA) = (\angle FAD) = (\angle BAD)$ が成り立つので，$AB \parallel FD$.
よって，$|CF| : |CD| = |CA| : |CB|$.

また，頂角の 2 等分線定理より，$|AB| : |AC| = |BD| : |CD|$ が成り立つので，次を得る：

$$|CF| = \frac{|CD| \cdot |CA|}{|CB|} = \frac{|BC| \cdot |CA| \cdot |CA|}{(|AB| + |AC|) \cdot |CB|} = \frac{b^2}{b+c}.$$

まったく同様にして，次を得る：$|BE| = \dfrac{c^2}{b+c}$.
よって，$|BE| : |CF| = c^2 : b^2$.

点 Y から直線 AB, AC に下ろした垂線の足を，それぞれ，G, H とすると，

$$(\angle GBY) = (\angle HCY), \qquad (\angle BGY) = (\angle CHY) = 90°$$

より，$\triangle BGY \sim \triangle CHY$ (A.A.A.). よって，$|YB| : |YC| = |YG| : |YH|$.
したがって，次が得られる：

$$|BX| : |XC| = [\triangle ABY] : [\triangle ACY] = \frac{1}{2}|AB| \cdot |YG| : \frac{1}{2}|AC| \cdot |YH|$$
$$= |AB| \cdot |YB| : |AC| \cdot |YC|.$$

これと，$|BX| : |XC| = |BE| : |CF| = c^2 : b^2$ より，$|YB| : |YC| = c : b$.
△ABC の外接円の点 A における接線と直線 BC との交点を Z とおくと，

$$(\angle ZAC) = (\angle ZBA), \qquad (\angle AZC) = (\angle BZA)$$

だから，$\triangle ZAC \sim \triangle ZBA$ (A.A.A.).

よって，

$$|BZ| : |ZC| = [\triangle ZBA] : [\triangle ZAC] = |AB|^2 : |AC|^2 = c^2 : b^2.$$

また，$\triangle ABC$ の外接円の点 Y における接線と直線 BC との交点を Z' とおくと，$|YB| : |YC| = c : b$ より，同様に，$|BZ'| : |Z'C| = c^2 : b^2$ となるから，Z と Z' は一致する．

仮定 $(\angle BAD) = (\angle CAD)$ と接弦定理より $(\angle DBA) = (\angle CAZ)$ だから，

$$(\angle ZDA) = (\angle DBA) + (\angle DAB) = (\angle CAZ) + (\angle DAC) = (\angle ZAD)$$

となるから，$|ZA| = |ZD|$ を得る．

まったく同様にして，$|ZD| = |ZY|$ が得られるので，Z は $\triangle ADY$ の外心である．

$|BZ| : |ZC| = c^2 : b^2$ であったので，求める半径は次式で得られる：

$$|DZ| = |DC| + |CZ| = \frac{ab}{c+b} + \frac{ab^2}{c^2-b^2} = \frac{abc}{c^2-b^2}.$$

● 上級

1. K, L, M, B', C' を，それぞれ，線分 BP, CQ, PQ, CA, AB の中点とする．$CA \,/\!/\, LM$ であるから，$(\angle LMP) = (\angle QPA)$ が成り立つ．円周 Γ は直線 PQ に点 M で接しているから，接弦定理より，$(\angle LMP) = (\angle LKM)$ であり，したがって，$(\angle QPA) = (\angle LKM)$ が成り立つ．

同様にして，$AB \,/\!/\, MK$ から，$(\angle PQA) = (\angle KLM)$ が得られるから，

$$\triangle APQ \sim \triangle MKL$$

であることがわかり，次を得る：

$$\frac{|AP|}{|AQ|} = \frac{|MK|}{|ML|} = \frac{\dfrac{|QB|}{2}}{\dfrac{|PC|}{2}} = \frac{|QB|}{|PC|}. \tag{1}$$

ピタゴラスの定理を使って計算すると，

$$|OP|^2 - |OQ|^2 = |OB'|^2 + |B'P|^2 - |OC'|^2 - |C'Q|^2$$

$$
\begin{aligned}
&= (|OA|^2 - |AB'|^2) + |B'P|^2 - (|OA|^2 - |AC'|^2) - |C'Q|^2 \\
&= (|AC'|^2 - |C'Q|^2) - (|AB'|^2 - |B'P|^2) \\
&= (|AC'| - |C'Q|)(|AC'| + |C'Q|) \\
&\quad - (|AB'| - |B'P|)(|AB'| + |B'P|) \\
&= |AQ| \cdot |QB| - |AP| \cdot |PC|
\end{aligned}
$$

を得る．(1) から $|AP| \cdot |PC| = |AQ| \cdot |QB|$ だから，$|OP|^2 - |OQ|^2 = 0$.

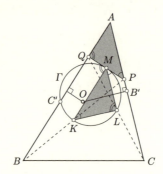

したがって，$|OP| = |OQ|$ が結論される．

2. 問題の対称性より，$|CA| > |CB|$ と仮定する．したがって，点 S は線分 AB の B 側への延長線上にある．

円周角の定理から，2 つの角の大きさが等しいから，
$$\triangle PKM \sim \triangle PCA, \quad \triangle PLM \sim \triangle PCB.$$
よって，
$$\frac{|PM|}{|KM|} = \frac{|PA|}{|CA|}, \quad \frac{|LM|}{|PM|} = \frac{|CB|}{|PB|}.$$
これらの積を作ると，$\dfrac{|LM|}{|KM|} = \dfrac{|CB|}{|CA|} \cdot \dfrac{|PA|}{|PB|}$.

よって，$|MK| = |ML|$ となるためには，$\dfrac{|PB|}{|PA|} = \dfrac{|CB|}{|CA|}$ が成り立てばよい．

$\angle ACB$ の 2 等分線と線分 AB の交点を E とすると，次を得る：
$$\frac{|EA|}{|EB|} = \frac{[\triangle ACE]}{[\triangle BCE]} = \frac{|CA|}{|CB|}.$$

また，

$$(\angle CES) = (\angle CAE) + (\angle ACE) = (\angle BCS) + (\angle ECB) = (\angle ECS)$$

であるから，$|SC| = |SE|$ が成り立つ．したがって，仮定 $|SP| = |SC|$ より，C, P, E は S を中心とする半径 $|SC|$ の円周上にある．

ところが，$\dfrac{|EA|}{|EB|} = \dfrac{|CA|}{|CB|}$ だから，この円周は $\dfrac{|XA|}{|XB|} = \dfrac{|CA|}{|CB|}$ をみたす点 X 全体が作るアポロニウスの円 Ω と一致する．よって，Ω 上にある点 P は $\dfrac{|PA|}{|PB|} = \dfrac{|CB|}{|CA|}$ をみたす．

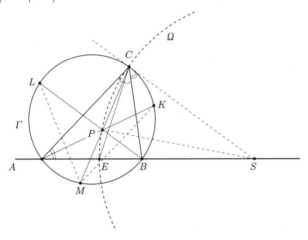

3. 弦 CD の中点を M とすると，$(\angle PMO) = 90°$.

A, B は接点だから，$(\angle PAO) = (\angle PBO) = 90°$.

よって，5 点 P, B, O, M, A は線分 PO を直径とする円周上にある．さらに，$|PA| = |PB|$ より，$(\angle PAB) = (\angle PBA) = (\angle PMA)$.

したがって，3 点 A, Q, M は同一円周上にあり，接弦定理より，直線 PA はその円周に接する．

方冪の定理より，$|PA|^2 = |PQ| \cdot |PM|$.

一方，円周 Γ においても，点 A は接点だから，$|PA|^2 = |PC| \cdot |PD|$.

上の 2 つの等式から，

$$|PQ| \cdot |PM| = |PC| \cdot |PD|. \tag{1}$$

ここで, M が線分 CD の中点であることから, $|PM| = \dfrac{1}{2}(|PC|+|PD|)$.
これを (1) に代入すると, $|PQ| \cdot \dfrac{1}{2}(|PC|+|PD|) = |PC| \cdot |PD|$.
よって,
$$\dfrac{1}{|PC|} + \dfrac{1}{|PD|} = \dfrac{2}{|PQ|}. \tag{2}$$

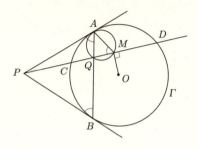

注 一直線上の 4 点 P, C, Q, D が問題の等式, つまり, 上の (2) をみたすとき, 4 点 P, C, Q, D は**調和点列**であるといい, P, Q と C, D は互いに**調和共役点**であるという.

また, (2) の式より, $|PC|:|CQ|=|PD|:|DQ|$ という比が得られる. この比は, 線分 PQ を点 C, D が同じ比に, それぞれ, 内分, 外分していることを意味する.

4. 一般性を失うことなく, P は $\triangle BCD$ の内部にあるとしてよい. 3 点 A, B, D を通る円周を Γ とし, Γ に直線 BP, DP が再び交わる点を, それぞれ, D', B' とする (下図参照). 題意と円周角の定理より,

$$(\angle CBP) = (\angle ABD) = (\angle AB'D).$$

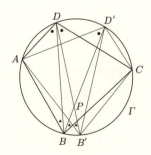

同様にして，次もわかる：$(\angle CDP) = (\angle AD'B)$.
さらに，2つの四角形 $\square CBPD$, $\square AB'PD'$ において，頂点 P における内角が相等しいことも対頂角の性質からわかる．したがって，

$$(\angle BCD) = (\angle B'AD'). \qquad (*)$$

4つの対応する内角が等しいことから，

$$\square CBPD \sim \square AB'PD'.$$

ゆえに，

$$|AP| = |CP| \iff |BD| = |B'D'|.$$

条件「対角線 BD は $\angle ABC$ の2等分線でも $\angle CDA$ の2等分線でもない」より，A と C は直線 DB, $D'B'$ のいずれに関しても反対側にあるから，円周角の定理と $(*)$ により，これは点 C が Γ 上にあることと同値である．

5. P が X または Y に一致する場合は明らかである．実際，$P = X$ のとき，$P = X = M = N$ となり，3直線 AM, DN, XY はこの共通点で交わる．そこで，以下では $P \neq X$, $P \neq Y$ と仮定する．条件より，

$$|PB| \cdot |PN| = |PX| \cdot |PY| = |PC| \cdot |PM|$$

であるから，方冪の定理より，$\square BCNM$ はある円周に内接する．2つの場合に分けて考察する．

(1) P が線分 XY 上にあるとき：下の図からわかるように，次が成り立つ：

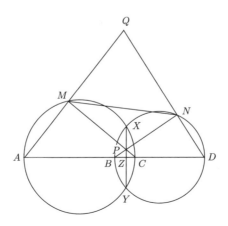

$$(\angle MAD) + (\angle MND) = (\angle MAD) + (\angle MNB) + 90°$$
$$= (\angle MAD) + (\angle MCA) + (\angle AMC) = 180°.$$

よって，内接四角形の定理より，□$ADNM$ はある円周に内接する．

(2) P が線分 XY の延長上にあるとき：下の図から，次が成り立つ：

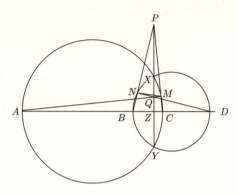

$$(\angle MAD) = 180° - (\angle AMC) - (\angle MCA)$$
$$= 180° - 90° - (\angle PNM)$$
$$= 180° - (\angle BND) - (\angle PNM) = (\angle MND).$$

よって，内接四角形の定理より，□$ADMN$ はある円周に内接する．

(1), (2) どちらの場合にも，AM と DN の交点を Q とする．さらに，直線 QX と 2 つの円周との交点を，それぞれ，Y_1, Y_2 とすると，どちらの場合にも，

$$|QX| \cdot |QY_1| = |QA| \cdot |QM| = |QD| \cdot |QN| = |QX| \cdot |QY_2|$$

が成り立つので，$Y_1 = Y_2 = Y$ でなければならない．したがって，Q は直線 XY 上にあり，3 直線 AM, DN, XY は点 Q で交わる．

6. △BCD, △EFA はいずれも正三角形である．よって，$|AB| = |BD|$, $|DE| = |EA|$ なので，□$ABDE$ は直線 BE に関して対称である．

△BAC と △EFA を BE に関して対称移動すると，△$BC'A$ および △$EF'D$ が得られる．$(\angle BGA) + (\angle AC'B) = 180°$ より，G は △ABC' の外接円上

にある. このとき, トレミーの定理により, 次を得る:

$$|AG| \cdot |BC'| + |GB| \cdot |C'A| = |AB| \cdot |C'G|.$$

ここで, $|BC'| = |C'A| = |AB|$ から, $|AG| + |GB| = |C'G|$ が成り立つ. 同様にして, $|DH| + |HE| = |HF'|$ が成り立つ. したがって, 次が成り立つ:

$$|CF| = |C'F'| \leq |C'G| + |GH| + |HF'|$$
$$= |AG| + |GB| + |GH| + |DH| + |HE|.$$

等号が成り立つのは, G と H がともに線分 $C'F'$ 上にあるときである.

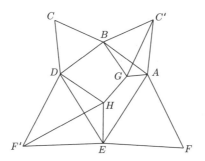

7. 半直線 BC 上に $(\angle BAX) = (\angle BCQ)$ なる点 X をとる. (実際,

$$(\angle BAX) = (\angle BCQ) = \frac{1}{2}(\angle BCA) < \frac{1}{2}(180° - 60°) = 60°$$

より, X は辺 BC 上にある.)

すると,

$$(\angle CBP) + (\angle BCQ) = \frac{1}{2}(\angle ABC) + \frac{1}{2}(\angle ACB)$$
$$= \frac{1}{2}(180° - (\angle BAC)) = 60°$$

より, 次が得られる:

$$(\angle CAX) = 60° - (\angle BAX) = 60° - (\angle BCQ) = (\angle CBP).$$

以下, この点 X が直線 PQ に関して A と対称な点であることを示す.

$(\angle BAX) = (\angle BCQ)$ より, 4点 A, Q, X, C は同一円周上にあるので, 円周角の定理より, $(\angle AXQ) = (\angle ACQ) = (\angle BCQ)$ である.

ゆえに，(∠AXQ) = (∠BAX) だから，|AQ| = |XQ| を得る．

一方，(∠CAX) = (∠CBP) より，4点 A, P, X, B も同一円周上にあるので，円周角の定理より，(∠AXP) = (∠ABP) = (∠CBP) である．

ゆえに，(∠AXP) = (∠CAX) なので，|AP| = |XP| を得る．

以上より，△AQP ≡ △XQP (S.S.S.) であり，したがって，A を直線 PQ に関して対称に移動した点は直線 BC 上の点 X である．

第6章

● 初級

1. (∠PDF) + (∠PDE) = 180° を証明すれば十分である．また，点 P は弧 BC 上にあるとしてよい (下図参照)．

(∠PDB) = (∠PFB) だから，円周角の定理の逆により，4点 B, P, D, F は同一円周上にある．よって，(∠PDF) + (∠PBF) = 180°．

ところで，□ABPC は △ABC の外接円に内接しているから，

$$(\angle PBF) = (\angle PCE).$$

これと，(∠PDE) = (∠PCE) から，4点 P, D, C, E も同一円周上にあることがわかるから，(∠PDE) = (∠PCE) = (∠PBF) である．したがって，

$$(\angle PDF) + (\angle PDE) = (\angle PDF) + (\angle PBF) = 180°$$

だから，3点 D, E, F は同一円周上にある．

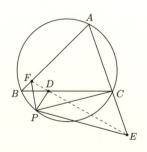

参考 カルノー (L. N. M. Carnot, 1753–1823) はフランスの軍事技術家で政治家．問題のカルノーの定理は，たくさんあるシムソンの定理の拡張のうちの一つである．

2. 直線 AP と BC の交点を S とする.線分 PC 上に点 D を $|PD|=|PB|$ となるように選ぶ.AD と PR の交点を T,BD と AS の交点を U とする.$\triangle ABD$ は二等辺三角形で,点 Q, T は直線 AS に関して対称な位置にあるので,$|AT|:|TD|=|AQ|:|QB|=4:3$ であり,$|BU|=|DU|$ である.また,$\triangle PBC$ において,PS は $\angle BPC$ の2等分線であるから,$|BS|:|SC|=|PB|:|PC|=2:3$ である.

$\triangle BCD$ と直線 PS にメネラウスの定理を適用して,

$$|PD|:|PC|=|DU|\times|BS|:|UB|\times|SC|=2:3$$

を得る.$\triangle ADC$ と直線 PR にメネラウスの定理を適用して,次を得る:

$$|AR|:|RC|=|AT|\times|PD|:|TD|\times|PC|=8:9.$$

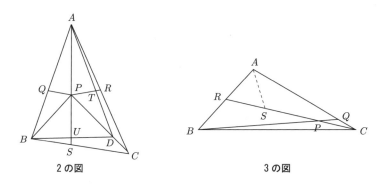

2 の図　　　　　3 の図

3. $\triangle ABQ$ と直線 CR に関してメネラウスの定理を用い,また問題の仮定より

$$|AR|=|RB|,\qquad |CQ|=|PQ|$$

なので,次を得る:

$$1=\frac{|AR|}{|RB|}\cdot\frac{|BP|}{|PQ|}\cdot\frac{|CQ|}{|AC|}=\frac{|BP|}{|AC|}.$$

ゆえに,

$$|AC|=|BP|. \qquad\qquad ①$$

ここで線分 CR 上に $|RS|=|CP|$ となる点 S をとる (上右図参照).

$|CQ| = |PQ|$ より,

$$(\angle ACS) = (\angle QPC) = (\angle BPR). \qquad ②$$

$|RS| = |CP|$ だから $|CR| - |RS| = |CR| - |CP|$ より,

$$|SC| = |PR|. \qquad ③$$

よって，①，②，③より，$\triangle ACS \equiv \triangle BPR$ (S.A.S.) が結論され，$|AS| = |BR|$ を得る. 問題の仮定と $|RS| = |CP|$ と合わせると，$|AS| = |AR| = |RS|$ であるから，$\triangle ARS$ は正三角形である.

よって，$(\angle ARS) = 60°$ となり，$(\angle BRC) = 120°$ を得る.

4.
$$\frac{[\triangle ABP]}{[\triangle ABC]} = \frac{[\triangle ABE]}{[\triangle ABC]} \cdot \frac{[\triangle ABP]}{[\triangle ABE]}$$

$$= \frac{|BE|}{|BC|} \cdot \frac{|AP|}{|AE|} = \frac{3}{5} \cdot \frac{|AP|}{|AE|}.$$

$\triangle AEC$ と直線 BE にメネラウスの定理を適用して，

$$\frac{|AP|}{|PE|} \cdot \frac{|EB|}{|BC|} \cdot \frac{|CF|}{|FA|} = \frac{|AP|}{|PE|} \times \frac{3}{5} \times \frac{3}{2} = 1.$$

よって，$|AP| : |PE| = 10 : 9$ を得る.

ゆえに，$\dfrac{[\triangle ABP]}{[\triangle ABC]} = \dfrac{3}{5} \times \dfrac{10}{19} = \dfrac{6}{19}.$

同様に，$\dfrac{[\triangle BCQ]}{[\triangle ABC]} = \dfrac{[\triangle CAR]}{[\triangle ABC]} = \dfrac{6}{19}.$

$$[\triangle PQR] = [\triangle ABC] - ([\triangle ABP] + [\triangle BCQ] + [\triangle CAR])$$

だから，$[\triangle PQR] : [\triangle ABC] = 1 : 19$.

5. 3本の直線 AB，CD，EF のつくる三角形を次ページ左図のように $\triangle UVW$ とする. この $\triangle UVW$ と直線 DPE，ARF，BQC に，それぞれ，メネラウスの定理を適用して，次を得る:

$$\frac{|VP|}{|PW|} \cdot \frac{|WD|}{|DU|} \cdot \frac{|UE|}{|EV|} = 1, \qquad \frac{|VA|}{|AW|} \cdot \frac{|WR|}{|RU|} \cdot \frac{|UF|}{|FV|} = 1,$$

$$\frac{|VB|}{|BW|} \cdot \frac{|WC|}{|CU|} \cdot \frac{|UQ|}{|QV|} = 1.$$

一方，方冪の定理より，次を得る:

$$|UE|\cdot|UF|=|UD|\cdot|UC|, \qquad |VA|\cdot|VB|=|VF|\cdot|VE|,$$
$$|WA|\cdot|WB|=|WD|\cdot|WC|.$$

最初の 3 つの式を辺々掛け合わせ，これにあとの 3 式を代入して整理すると，
$$\frac{|VP|}{|PW|}\cdot\frac{|WR|}{|RU|}\cdot\frac{|UQ|}{|QV|}=1$$
を得る．3 点 P, Q, R の位置を確認すると，メネラウスの定理の逆が適用できて，3 点 P, Q, R が同一直線上にあることが結論される．

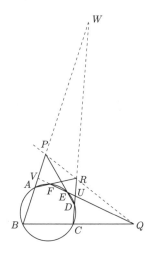
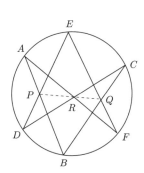

参考　条件 ($\triangle$) はメネラウスの定理を適用するために付けたもので，この条件がなくとも成立するが，証明は難しい．また，6 点 A, B, C, D, E, F が円周上にあって，6 本の線分 AB, BC, CD, DE, EF, FA が，例えば，上右図のように，六角形とならない場合にも，この定理は成立する．上右図の場合にも，条件 ($\triangle$) をつけて，証明してみてください (上とまったく同じ証明となる)．

6.　次ページの図に示すように，Y から AB に下ろした垂線の足を T とすると，シムソンの定理から，3 点 P, Q, T は同一直線上にある．したがって，3 点 R, S, T もまた同一直線上にある．ところで，
$$(\angle YQB)=(\angle YTB)=(\angle YSB)=90°$$
だから，5 点 S, Y, Q, T, B は線分 YB を直径とする同一円周上にある．よっ

て，円周角の定理と円周角と中心角の関係より，次を得る：

$$(\angle PTS) = (\angle QTS) = (\angle QBS) = (\angle XBZ) = \frac{1}{2}(\angle XOZ).$$

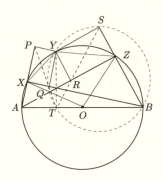

● 中級

1. AC と BD の交点を P，AF と BE の交点を M，CE と DF の交点を N と仮定する．さらに，BD と CE の交点を H とする．3 点 N, P, M は，それぞれ，直線 EH, HB, BE 上にあるから，次を証明すれば十分である：

$$\frac{|HP|}{|PB|} \cdot \frac{|BM|}{|ME|} \cdot \frac{|EN|}{|NH|} = 1. \qquad ①$$

ところで，

$$\frac{|BM|}{|ME|} = \frac{[\triangle BAF]}{[\triangle EAF]} = \frac{|BA| \cdot |BF|}{|EA| \cdot |EF|}$$

だから，次を得る：

$$\frac{|HP|}{|PB|} = \frac{[\triangle HAC]}{[\triangle BAC]} = \frac{[\triangle HAC]}{[\triangle EAC]} \cdot \frac{[\triangle EAC]}{[\triangle BAC]}$$

$$= \frac{|CH|}{|CE|} \cdot \frac{|EA| \cdot |EC|}{|BA| \cdot |BC|} = \frac{|CH| \cdot |EA|}{|BA| \cdot |BC|}.$$

したがって，

$$\frac{|HP|}{|PB|} \cdot \frac{|BM|}{|ME|} = \frac{|CH| \cdot |BF|}{|BC| \cdot |EF|}. \qquad ②$$

$\triangle NEF \sim \triangle NDC$ より，$\dfrac{|EN|}{|EF|} = \dfrac{|DN|}{|DC|}$ であり，$(\angle BFD) = (\angle BCD)$

だから，

$$\frac{|NH|}{|CH|} = \frac{[\triangle NBD]}{[\triangle CBD]} = \frac{[\triangle FBD] - [\triangle FBN]}{[\triangle CBD]}$$

$$= \frac{|FB| \cdot |FD| - |FB| \cdot |FN|}{|CB| \cdot |CD|}$$

$$= \frac{|FB| \cdot |ND|}{|CB| \cdot |CD|} = \frac{|FB|}{|CB|} \cdot \frac{|EN|}{|EF|}.$$

よって，$\dfrac{|EN| \cdot |BF| \cdot |CH|}{|EF| \cdot |BC| \cdot |NH|} = 1$ が成り立つ．これより，①も成り立つから，問題の証明が完了する．

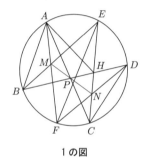
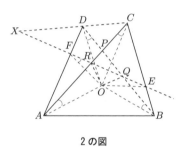

1の図   2の図

2. 線分 AC の垂直 2 等分線と線分 BD の垂直 2 等分線の交点を O とする．この点 O が $\triangle PQR$ の外接円上にあることを示す．

$|OA| = |OC|, |OD| = |OB|, |AD| = |CB|$ より，$\triangle OAD \equiv \triangle OCB$．
また，

$$(\angle AOC) = (\angle AOD) + (\angle DOC) = (\angle COB) + (\angle DOC) = (\angle DOB)$$

より，

$$\triangle OAC \sim \triangle ODB.$$

よって，

$$\frac{|AR|}{|RC|} = \frac{|DQ|}{|QB|} \qquad (*)$$

を示せば $(\angle ORC) = (\angle OQB)$ がわかり，点 O が $\triangle PQR$ の外接円上にあることが示される．以下，$(*)$ を示す．

AB, EF, CD がすべて平行な場合は，□$ABCD$ が等脚台形になり，E, F は，それぞれ，辺 BC, AD の中点となるから，

$$\frac{|AR|}{|RC|} = \frac{|DQ|}{|QB|} = 1 \tag{$*$}$$

となる．

それ以外の場合を考える．EF と CD が上右図のように点 X で交わるとして一般性を失わない．ここで，$ACXF$ と $CBQX$ に，それぞれ，メネラウスの定理を適用し，$|AF| = |CE|$, $|FD| = |EB|$ であることに注意すると，

$$\frac{|AR|}{|RC|} = \frac{|AF|}{|FD|} \times \frac{|DX|}{|XC|} = \frac{|CE|}{|EB|} \times \frac{|DX|}{|XC|} = \frac{|DQ|}{|QB|}$$

となって，($*$) が示された．

3. 線分 EI と外接円 Γ との交点を X とし，$\angle BAC$ の 2 等分線と線分 BC の交点を L とする．線分 DX と線分 IF の交点を G'，線分 DX と線分 AF の交点を T とする．そこで，$G = G'$ であること，つまり，$|IG'| = |G'F|$ となることを示す．

△AIF と直線 $DG'T$ にメネラウスの定理を使うと，次を得る：

$$\frac{|IG'|}{|G'F|} \cdot \frac{|TF|}{|AT|} \cdot \frac{|AD|}{|ID|} = 1.$$

したがって，$|IG'| = |G'F|$ となることを示すためには，$\dfrac{|TF|}{|AT|} \cdot \dfrac{|AD|}{|ID|} = 1$，つまり，次を示せばよい：

$$\frac{|TF|}{|AT|} = \frac{|ID|}{|AD|}. \tag{$*$}$$

直線 AF と円周 Γ の A 以外の交点を K とする．$(\angle BAK) = (\angle BAF) = (\angle CAE)$ だから，弧 BK と弧 CE の長さは等しく，したがって，線分 KE と線分 BC は平行となる．ここで，

$$(\angle IAT) = (\angle DAK) = (\angle EAD) = (\angle EXD) = (\angle IXT)$$

であるから，内接四角形の定理より，4 点 I, A, X, T は同一円周上にある．

したがって，$(\angle ITA) = (\angle IXA) = (\angle EXA) = (\angle EKA)$.

よって，$KE \mathbin{/\!/} TI$, $TI \mathbin{/\!/} BC$. よって，

$$\frac{|TF|}{|AT|} = \frac{|IL|}{|AI|}. \qquad ①$$

さて，CI は $\angle ACL$ の 2 等分線だから，
$$\frac{|IL|}{|AI|} = \frac{|CL|}{|AC|}. \qquad ②$$

また，
$$(\angle DCL) = (\angle DCB) = (\angle DAB) = (\angle CAD) = \frac{1}{2}(\angle BAC)$$
だから，$\triangle DCL \sim \triangle DAC$．よって，
$$\frac{|CL|}{|AC|} = \frac{|DC|}{|AD|}. \qquad ③$$

ここで，D は弧 BC の中点で，I は内心だから，
$$(\angle DCI) = (\angle DCB) + (\angle BCI)$$
$$= (\angle DAB) + (\angle BCI) = \frac{1}{2}(\angle CAB) + \frac{1}{2}(\angle BCA),$$
$$(\angle DIC) = (\angle IAC) + (\angle ICA) = \frac{1}{2}(\angle CAB) + \frac{1}{2}(\angle BCA)$$
が成り立つので，$(\angle DCI) = (\angle DIC)$．

よって，$|DI| = |DC|$．ゆえに，
$$\frac{|DC|}{|AD|} = \frac{|ID|}{|AD|}. \qquad ④$$

①, ②, ③, ④ を合わせると，
$$\frac{|TF|}{|AT|} = \frac{|IL|}{|AI|} = \frac{|CL|}{|AC|} = \frac{|DC|}{|AD|} = \frac{|ID|}{|AD|}. \qquad (*)$$

よって，証明は完了した．

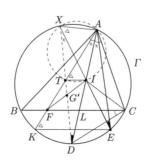

4. $|AB| = |AC|$ のときは，Γ と ω の中心はともに辺 BC の垂直 2 等分線上にある．よって，直線 XY と線分 BC の垂直 2 等分線は垂直に交わり，その交点が K である．また，点 D は辺 BC の中点だから，$(\angle BKD) = (\angle CKD)$ がわかる．

$|AB| \neq |AC|$ の場合を考える．一般性を失なわず，$|AB| > |AC|$ としてよい．

2 直線 BH，AC の交点を E，2 直線 CH，AB の交点を F とする．$(\angle AEH) = (\angle AFH) = 90°$ だから，点 E，F は線分 AH を直径とする円周 ω 上にある．X，Y も ω 上にあるから，4 点 E，F，X，Y は ω にある．一方，4 点 B，C，X，Y は題意より円周 Γ 上にある．また，$(\angle BEC) = (\angle BFC) = 90°$ だから，4 点 B，C，E，F は辺 BC を直径とする円周上にある．

ここで，次の補題を証明する：

$\boxed{\text{補題}}$　3 直線 XY，BC，EF は 1 点で交わる．

(証明)　2 直線 BC，EF の交点を P とする．直線 PX と ω の X 以外の交点を Y'，直線 PX と Γ の X 以外の交点を Y'' とする．方冪の定理より，

$$|PX| \cdot |PY'| = |PE| \cdot |PF| = |PC| \cdot |PB| = |PX| \cdot |PY''|$$

が成り立つので，$|PY'| = |PY''|$ であり，2 点 Y'，Y'' は一致する．点 Y' は ω 上にあり，点 Y'' は Γ 上にあるので，これは点 Y に他ならない．よって，点 P は直線 XY 上にあるので，補題が示された．

この補題を用いて，証明を続ける．

3 直線 XY，BC，EF の交点を P とする．チェバの定理，メネラウスの定理より，

$$\frac{|AF|}{|FB|} \cdot \frac{|BD|}{|DC|} \cdot \frac{|CE|}{|EA|} = 1, \qquad \frac{|AF|}{|FB|} \cdot \frac{|BP|}{|PC|} \cdot \frac{|CE|}{|EA|} = 1$$

が成り立つ．これら 2 式より，$\dfrac{|BD|}{|DC|} = \dfrac{|BP|}{|PC|}$ を得る．線分 DP 上に，$(\angle BKD) = (\angle C'KD)$ なる点 C' をとる．KD は $\angle BKC'$ の 2 等分線であり，また，$(\angle DKP) = 90°$ より，KP は $\angle BKC'$ の外角の 2 等分線なので，次を得る：

$$\frac{|BD|}{|DC'|} = \frac{|KB|}{|KC'|}, \qquad \frac{|BP|}{|PC'|} = \frac{|KB|}{|KC'|}.$$

$$\frac{|BD|}{|DC'|} = \frac{|KB|}{|KC'|} = \frac{|BP|}{|PC'|}, \qquad \frac{|BD|}{|DC|} = \frac{|BP|}{|PC|}$$

より, $\dfrac{|PC|}{|DC|} = \dfrac{|PC'|}{|DC'|}$.

C と C' は線分 DP 上の点なので，この 2 点は一致する．

よって，$(\angle BKD) = (\angle CKD)$ が成り立つことが示された．

> **参考** 中心を O, 半径を r とする円周 Γ に対し，円周の外部の点 P の方冪を $|OP|^2 - r^2$ で定める．中心を共有しない 2 つの円周 Γ_1, Γ_2 について，Γ_1 に対する方冪と Γ_2 に対する方冪が等しい点の軌跡は直線になり，この直線を Γ_1 と Γ_2 の**根軸**という．2 円周が相異なる 2 点で交わっている場合，その 2 円周の根軸は，2 つの交点を結ぶ直線 (円周の外部) となる．3 つの円周 $\Gamma_1, \Gamma_2, \Gamma_3$ について，Γ_1 と Γ_2 の根軸，Γ_2 と Γ_3 の根軸，Γ_3 と Γ_1 の根軸は 1 点で交わり，この点を 3 円周の**根心**という．

5. 線分 DF, EF, ED の中点を，それぞれ，P, Q, R とすると，次が成り立つ：

$PQ /\!/ DE$ で，直線 PQ は点 N を通過する，

$RQ /\!/ DF$ で，直線 RQ は点 M を通過する，

$PR /\!/ EF$ で，直線 PR は点 L を通過する．

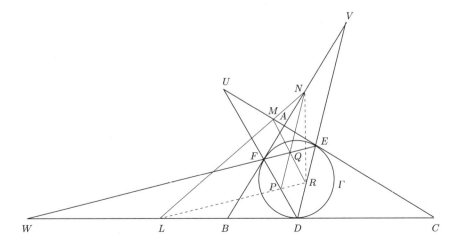

$|AE| = |AF|$ だから，AQ は $\angle CAB$ の2等分線である．同様に，BP, CR は，それぞれ，$\angle ABC, \angle BCA$ の2等分線である．したがって，3直線 AQ, BP, CR は $\triangle ABC$ の内心 I で交わる．

デザルグの定理を $\triangle ABC$ と $\triangle QPR$ に適用すると，
  2直線 PR, BC の交点としての点 L，
  2直線 RQ, CA の交点としての点 M，
  2直線 QP, AB の交点としての点 N
は同一直線上にある．

6. 下図に示すように，$\triangle BCE$ と $\triangle CDF$ の外接円は点 C と点 M で交わるとする．M から直線 BE, EC, BC に下ろした垂線の足を，それぞれ，P, Q, R とすると，シムソンの定理より，3点 P, Q, R は同一直線上にある．

同様に，M から直線 DC, CF, DF に下ろした垂線の足を，それぞれ，Q, R, S とすると，この3点 Q, R, S も同一直線上にある．

したがって，4点 P, Q, R, S は同一直線上にある．

$\triangle ADE$ において，同一直線上にある3点 P, Q, S は，それぞれ，その辺 AE, DE, AD 上にあるから，シムソンの定理により，M は $\triangle ADE$ の外接円上にある．

まったく同じ理由により，M は $\triangle ABF$ の外接円上にもある．

よって，4つの三角形 $\triangle BCE, \triangle CDF, \triangle ADE, \triangle ABF$ の外接円は点 M で交わる．

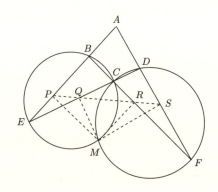

参考 シムソンの定理を使わず，円周角の定理・内接四角形の定理だけを使った

証明を考えてください.

> **注** 上の点 M を □$ABCD$ のスタイネル (Steiner) 点ともミケル (Miquel) 点ともいい, 4 点 P, Q, R, S を通る直線を □$ABCD$ のシムソン線という.

7. 辺 AD の中点を O とし, 2 直線 AC, BD の交点を R とし, 2 直線 AF, DE の交点を S とする. N, Q は, それぞれ, △DBE の辺 DB, DE の中点だから, 点 O は線分 NQ 上にある. 同様に, M, P は, それぞれ, △ACF の辺 AC, AF の中点だから, 点 O は線分 MP 上にもある. さらに, □$DRAS$ は平行四辺形であるから, その対角線 RS, AD は互いにその中点で交わる. そこで, △NRM, △SPQ にデザルグの定理を適用すると, 点 O は同時に 3 直線 NQ, MP, RS 上にあることがわかり, したがって, 3 直線 MN, PQ, AD は共点である.

● 上級

1. 辺 AB, BC, CD, DE, EF, FA が円周に接する点を, 順に G, H, K, L, M, N とする. GL と NK, GL と HM, HM と KN の交点を, それぞれ, P, Q, R とすると, 第 4 章の練習問題 (上級 7) により, AD, BE, CF は, それぞれ, 点 P, Q, R を通る.

AD, BE の交点を O とし, 点 O から直線 AB, DE に平行に引いた直線と GL との交点を, それぞれ, S, T とし, 点 O から直線 CD に平行に引いた直線と KN との交点を X とし, 点 O から直線 BC に平行に引いた直線と HM との交点を Y とする (図を参照).

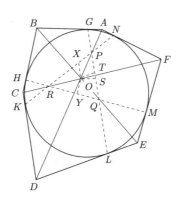

$(\angle OSL) = (\angle BGL) = (\angle DLG) = (\angle OTG)$ から，$(\angle OST) = (\angle OTS)$ だから，
$$|OS| = |OT|. \qquad ①$$
また，$|OX| : |DK| = |PO| : |PD| = |OT| : |DL|$，；$|DK| = |DL|$ だから，
$$|OX| = |OT|. \qquad ②$$
同様に，$|OS| : |BG| = |QO| : |QB| = |OY| : |BH|$，$|BG| = |BH|$ だから，
$$|OS| = |OY|. \qquad ③$$
①，②，③から，$|OX| = |OY|$.

$OX /\!/ CK$，$OY /\!/ CH$ だから，KX は線分 CO を $|CK| : |OX|$ の比に分け，HY は線分 CO を $|CH| : |OY|$ の比に分ける．
ところが，$|CK| = |CH|$ と③から，$|CK| : |OX| = |CH| : |OY|$ であるから，KX と HY は線分 CO を同じ比に分ける．よって，KX と CO との交点と，HY と CO の交点は一致する．すなわち，KX，HY，CO は1点 R で交わる．

よって，CR は点 O を通る．すなわち，CF は点 O を通る．

ゆえに，AD，BE，CF は1点で交わる．

2. $|AD| = s|AB| \, (0 \leq s \leq 1)$，$|AE| = t|AC| \, (0 \leq t \leq 1)$ とおく．

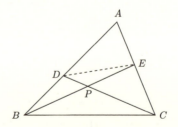

$\triangle ABC$ と $\triangle ADE$ は頂角 A が共通なので，
$$[\triangle ABC] : [\triangle ADE] = |AB| \cdot |AC| \sin A : s|AB| \cdot t|AC| \sin A = 1 : st$$
で，$[\triangle ABC] = 1$ だから，$[\triangle ADE] = st$ を得る．したがって，
$$[\square BCED] = [\triangle ABC] - [\triangle ADE] = 1 - st.$$

$\triangle ABE$ と直線 CD にメネラウスの定理を適用して,

$$\frac{|AD|}{|DB|} \cdot \frac{|BP|}{|PE|} \cdot \frac{|EC|}{|AC|} = 1,$$

すなわち,

$$\frac{s}{1-s} \cdot \frac{|BP|}{|PE|} \cdot \frac{1-t}{1} = 1.$$

ゆえに, $\dfrac{|BP|}{|PE|} = \dfrac{1-s}{s(1-t)}$, $\dfrac{|BE|}{|BP|} = \dfrac{|PE|}{|BP|} + 1 = \dfrac{1-st}{1-s}$.

同様に, $\dfrac{|CP|}{|PD|} = \dfrac{1-t}{t(1-s)}$.

$$[\triangle PBC] = [\triangle BEC] \times \frac{|BP|}{|BE|} = (1-t) \times \frac{1-s}{1-st} = \frac{(1-s)(1-t)}{1-st}.$$

ゆえに, 条件 $[\Box BCED] = 2[\triangle PBC]$ は,

$$1 - st = 2\frac{(1-s)(1-t)}{1-st}.$$

整理して,

$$(1 - st)^2 = 2(1-s)(1-t) \tag{1}$$

となる. ゆえに,

$$s + t = \frac{4st - s^2t^2 + 1}{2}. \tag{1$'$}$$

$$[\triangle PDE] = [\triangle PBC] \cdot \frac{|PD|}{|CP|} \cdot \frac{|PE|}{|BP|}$$
$$= \frac{(1-s)(1-t)}{1-st} \cdot \frac{t(1-s)}{1-t} \cdot \frac{s(1-t)}{1-s} = \frac{st(1-s)(1-t)}{1-st}.$$

(1) より,

$$[\triangle PDE] = \frac{st(1-st)^2}{2(1-st)} = \frac{st(1-st)}{2}. \tag{2}$$

ここで $st = x$, $s + t = y$ とおく. すると, xy 平面上で, 判別式 $y^2 - 4x$ で定まる曲線 $x = \dfrac{y^2}{4}$, 直線 $y = 2$, y 軸で囲まれた領域内に (x, y) がある ときのみ, $st = x$, $s + t = y$ をみたす s, t が存在する. この領域内で,

$$y = \frac{4x - x^2 + 1}{2} \tag{2$'$}$$

をみたす (x, y) の中で $[\triangle PDE]$ が最大となる点は $\left(x \le \dfrac{1}{2} \text{ のとき}\right)$ x 最大となる点，つまり $x = \dfrac{y^2}{4}$ 上にあり，よって，$s = t$ である．

これを $(1)'$ に代入して，$s = \sqrt{2} - 1$, $[\triangle PED] = (\sqrt{2} - 1)^3$.

3. $\square ABCD$ の一辺の長さを s, $|OA| = |OB| = |OC| = |OD| = r$, $|OP| = a$, $|OQ| = b$, $|OR| = c$, $|OS| = d$ とおく．また，直線 AB と直線 PQ との交点を X, 直線 BC と直線 QR との交点を Y, 直線 CD と直線 RS との交点を Z とおく．

メネラウスの定理より，

$$\frac{|OP|}{|PA|} \cdot \frac{|AX|}{|XB|} \cdot \frac{|BQ|}{|QO|} = \frac{a}{r - a} \cdot \frac{|BX| + s}{|BX|} \cdot \frac{r - b}{b} = 1$$

であるから，$|BX| = \dfrac{sa(r - b)}{r(b - a)}$ となる．

同様に，次を得る：

$$|BY| = \frac{sc(r - b)}{r(b - c)}, \qquad |CZ| = \frac{sd(r - c)}{r(c - d)}.$$

また，次も成り立つ：

$$|CY| = |BC| + |BY| = s + \frac{sc(r - b)}{r(b - c)} = \frac{sb(r - c)}{r(b - c)}.$$

$\triangle YBX \sim \triangle YCZ$ であることから，次を得る：

$$|BY| \cdot |CZ| = |BX| \cdot |CY|$$

$$\Longleftrightarrow \frac{sc(r - b)}{r(b - c)} \cdot \frac{sd(r - c)}{r(c - d)} = \frac{sa(r - b)}{r(b - a)} \cdot \frac{sb(r - c)}{r(b - c)}$$

$$\Longleftrightarrow cd(b - a) = ab(c - d).$$

この最後の等式より，$d = \dfrac{abc}{ab + bc - ca}$ を得る．$a = 3$, $b = 5$, $c = 4$ だから，

$$|OS| = d = \frac{3 \cdot 5 \cdot 4}{3 \cdot 5 + 5 \cdot 4 - 4 \cdot 3} = \frac{60}{23}.$$

4. 直線 BC と，直線 DF, AE との交点を，それぞれ，T, G とする．

3点 D, F, G のうちで $\triangle AEC$ の辺上にあるのは1点だけか3点すべてだから，チェバの定理より，

$$\frac{|CF|}{|FE|} \cdot \frac{|EG|}{|GA|} \cdot \frac{|AD|}{|DC|} = 1 \tag{1}$$

が成り立つことを証明すれば十分である.

$(\angle BAD) = (\angle BED) = (\angle BTD) = 90°$ だから,5 点 A, B, E, T, D は線分 BD を直径とする円周上にある.したがって,

$$(\angle FDE) = (\angle TBE) \ (= \alpha \ とおく), \quad (\angle TDC) = (\angle ABC) \ (= \beta \ とおく)$$

が成り立ち,さらに,$|DE| = |DA|$, $|AB| = |BE|$ が成り立つ.正弦法則より,

$$\frac{|FE|}{\sin \alpha} = \frac{|DE|}{\sin(\angle EFD)}, \quad \frac{|DC|}{\sin(\angle CFD)} = \frac{|FC|}{\sin \beta}$$

が得られ,さらに,$(\sin(\angle EFD)) = (\sin(\angle CFD))$ であるから,次を得る:

$$\frac{|CF|}{|FE|} = \frac{|DC|}{|DA|} \cdot \frac{\sin \beta}{\sin \alpha}. \tag{2}$$

一方,

$$\frac{|EG|}{\sin \alpha} = \frac{|BE|}{\sin(\angle EGB)} = \frac{|BA|}{\sin(\angle AGB)} = \frac{|AG|}{\sin \beta}$$

であるから,次を得る:

$$\frac{|EG|}{|GA|} = \frac{\sin \alpha}{\sin \beta}. \tag{3}$$

等式 (2), (3) を掛け合わせて,求める等式 (1) を得る.

別解 直線 DF と直線 AE の交点を H とする.問題の 3 直線が 1 点で交わることと,次が成り立つことは同値である:

$$\frac{|AG|}{|GE|} = \frac{|AH|}{|HE|}. \tag{1}$$

これは,言い換えると,点の対 (A, E) と (G, H) が互いに調和共役点であることを意味する (第 5 章の練習問題 (上級 3) を参照のこと).

線分 AE の中点を I とすると,(1) は

$$|IG| \cdot |IH| = |IA|^2 \tag{2}$$

と置き換えられる.

線分 IA は直角三角形 ABD の頂点 A から辺 BD へ下ろした垂線だから,

$$|IA|^2 = |ID| \cdot |IB|. \tag{3}$$

また，$(\angle HTB) = (\angle HIB) = 90°$ だから，4点 H, T, I, B は同一円周上にある．これより，$(\angle DHI) = (\angle IBG)$ が導かれ，さらに，$\triangle DHI \sim \triangle IBG$ が成立する．したがって，

$$\frac{|ID|}{|IH|} = \frac{|IG|}{|IB|}, \quad \text{つまり，} \quad |ID| \cdot |IB| = |IH| \cdot |IG|$$

が成立する．これより，(2) が成り立つことは自明である．

5. 頂点 A, B, C を通る被除線と対辺 BC, CA, AB との交点を，それぞれ，A', B', C' とする．また，$|BC| = a$, $|CA| = b$, $|AB| = c$ とする．$|BA'| = m$, $|A'C| = n$ とおくと，

$$|BA'| + |A'C| = |BC| = m + n = a. \tag{1}$$

また，AA' が被除線だから，次を得る：

$$c + m + |AA'| = b + n + |AA'| \, ; \text{ i.e. } \quad m - n = b - c. \tag{2}$$

(1) + (2) より，$2m = a + b - c$.

(1) − (2) より，$2n = a + c - b$.

これらの比をとって，次を得る：

$$\frac{|BA'|}{|A'C|} = \frac{m}{n} = \frac{a+b-c}{a+c-b}.$$

被除線 BB', CC' に関して，まったく同様にして，次を得る：

$$\frac{|CB'|}{|B'A|} = \frac{b+c-a}{b+a-c}, \quad \frac{|AC'|}{|C'B|} = \frac{c+a-b}{c+b-a}.$$

これらを掛け合わせると，

$$\frac{|BA'|}{|A'C|} \cdot \frac{|CB'|}{|B'A|} \cdot \frac{|AC'|}{|C'B|} = \frac{a+b-c}{a+c-b} \cdot \frac{b+c-a}{b+a-c} \cdot \frac{c+a-b}{c+b-a} = 1$$

だから，チェバの定理の逆より，AA', BB', CC' は 1 点で交わる．

第7章　217

第7章

● 初級

1. BP の延長と辺 AC との交点を D とすると，三角不等式より，

$$|AB| + |AD| > |BD| = |BP| + |PD|, \qquad |PD| + |DC| > |PC|.$$

両式を辺々加えて，$|AB| + |AD| + |PD| + |DC| > |BP| + |PD| + |PC|.$
$|AD| + |DC| = |AC|$ だから，$|AB| + |AC| > |PB| + |PC|.$

2. $\triangle ABP, \triangle BCP, \triangle CAP$ に関する三角不等式より，

$$|PA| + |PB| > |AB|, \quad |PB| + |PC| > |BC|, \quad |PC| + |PA| > |CA|.$$

これら3式を辺々加えて，不等式

$$|AB| + |BC| + |CA| < 2(|PA| + |PB| + |PC|)$$

を得る．これより，前半の不等号の成立が示された．
後半の不等号を証明する．前問1より，$|AB| + |AC| > |PB| + |PC|.$
同様にして，$|BA| + |BC| > |PC| + |PA|, |BC| + |CA| > |PA| + |PB|.$
これら3式を辺々加えて，

$$2(|AB| + |BC| + |CA|) > 2(|PA| + |PB| + |PC|).$$

これより，後半の不等号の成立も示された．

3. $(\angle ADB) > (\angle DAC) = (\angle BAD)$ だから，定理5より，$|AB| > |BD|.$
同様に，$(\angle ADC) > (\angle DAB) = (\angle CAD)$ だから，定理5より，$|AC| > |CD|.$

4. $\triangle BPQ, \triangle QBC$ において，

$$|BP| = |QC|, \quad |BQ| = |QB|, \quad (\angle PBQ) = (\angle ABQ) < (\angle BQC)$$

だから，定理5より，$|PQ| < |BC|.$

5. D を通って AC に平行線を引き，AB との交点を X とし，E を通って AB に平行線を引き，AC との交点を Y とする．$(\angle XBD) = (\angle YEC)$, $(\angle XDB) = (\angle YCE)$ で $|BD| = |CE|$ だから，$\triangle XBD \equiv \triangle YEC$ である．

よって，

$$|XB| = |YE|, \quad |XD| = |YC|.$$
$$|AB| + |AC| = (|AX| + |XB|) + (|AY| + |YC|)$$
$$= |AX| + |YE| + |AY| + |XD|$$
$$= (|AX| + |XD|) + (|AY| + |YE|) > |AD| + |AE|.$$

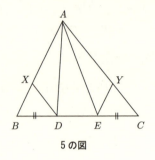

5の図

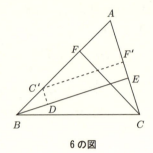

6の図

6. $(\angle C) > (\angle B)$ だから $|AB| > |AC|$ である．辺 AB 上に点 C' を，$|AC'| = |AC|$ となるように選ぶ．C' を通り直線 BE に平行な直線を引き，辺 AC との交点を F' とし，C' から直線 BE に下ろした垂線の足を D とする．すると，$BE \perp AC$ だから，□$DC'F'E$ は長方形であり，

$$|CF| = |C'F'| = |DE|$$

が成り立つ．したがって，次を得る：

$$|AB| + |CF| = |AC'| + |C'B| + |C'F'| = |AC| + |BC'| + |DE|.$$

いま，線分 BC' は直角三角形 $BC'D$ の斜辺であるから，上の式から次を得る：

$$(|AB| + |CF|) - (|AC| + |BE|) = |BC'| - |BD| > 0.$$

したがって，$|AB| + |CF| > |AC| + |BE|$．

7. 鋭角三角形の性質から，次を得る：

$$h_a < b, \quad h_a < c, \quad h_b < a, \quad h_b < c, \quad h_c < b, \quad h_c < a.$$

これらを辺々加えて，$2(h_a + h_b + h_c) < 2(a + b + c)$．

これより，後半の不等号の成立が示された．
△ABD, △ACD に関する三角不等式より，

$$|AD| + |BD| > |AB|, \quad |AD| + |DC| > |AC|$$

だから，辺々加えて，$2h_a + a > b + c$.
同様にして，$2h_b + b > c + a$, $2h_c + c > a + b$.
これらを辺々加えて整理すると，$2(h_a + h_b + h_c) > a + b + c$.
これより，前半の不等号の成立が示された．

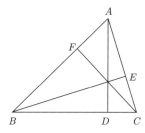

8. 仮定から，$a + b > c$, $b + c > a$, $c + a > b$ である．よって，次が成り立つ：

$$\frac{1}{c+a} > \frac{1}{a+b+a+b} = \frac{1}{2(a+b)},$$
$$\frac{1}{b+c} > \frac{1}{a+b+a+b} > \frac{1}{2(a+b)}.$$

また当然，次も成り立つ：

$$\frac{1}{a+b} > \frac{1}{2(a+b)}.$$

これら3つの不等式から，次を得る：

$$\frac{1}{b+c} + \frac{1}{c+a} > \frac{1}{2(a+b)} + \frac{1}{2(a+b)} = \frac{1}{a+b}.$$

同様にして，

$$\frac{1}{c+a} + \frac{1}{a+b} > \frac{1}{b+c}, \quad \frac{1}{a+b} + \frac{1}{b+c} > \frac{1}{c+a}.$$

これら3つの不等式により，題意は示された．

9. これら n 本の直線は $_nC_2 \times 4 = 2n(n-1)$ 個の角を構成する．これら

すべての直線を，それぞれ，原点 O を通るように平行移動すると，移動後は隣同士の直線だけでも $2n$ 個の角を構成する．そしてその各々の角の大きさは元の $2n(n-1)$ 個の角の 1 つと同じ大きさである．

もしこれら $2n$ 個の角の大きさがすべて $\dfrac{180°}{n}$ よりも大きいならば，それらの総和は
$$2n \cdot \dfrac{180°}{n} = 360°$$
より大きくなり，これは矛盾である．よって，題意は示された．

10. 線分 ED を D の側に延長し，その上に点 G を，$|DG| = |DE|$ となるように定める．仮定から，$|BD| = |AD|$ で $(\angle BDG) = (\angle ADE)$ (対頂角) であるから，
$$\triangle BDG \equiv \triangle ADE \quad \text{(S.A.S.)}.$$
また，$DG| = |DE|$ より，$[\triangle GDF] = [\triangle EDF]$．
したがって，次を得る：
$$[\triangle ADE] + [\triangle BDF] = [\square GBFD] > [\triangle GDF] = [\triangle DEF].$$

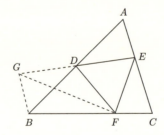

11. $\angle ABC) = (\angle GBA) + (\angle GBC)$ であるから，証明すべき不等式の
　　前半の不等号を示すには，$(\angle GBA) > (\angle GCA)$ を，
　　後半の不等号を示すには，$(\angle GAC) > (\angle GBC)$ を
証明すれば十分である．中線の性質から，$[\triangle GBA] = [\triangle GCA]$ である．よって，
$$[\triangle GBA] = \dfrac{1}{2}|AB| \cdot |GB| \sin(\angle GBA)$$
$$= \dfrac{1}{2}|CA| \cdot |GC| \sin(\angle GCA) = [\triangle GCA].$$

条件より $|AB| < |CA|$ で，定理 6 より $|GB| < |GC|$ であるから，

$$\sin(\angle GBA) > \sin(\angle GCA).$$

ところで，

$(\angle A) + (\angle B) + (\angle C)$
$\quad = (\angle GAB) + (\angle GAC) + (\angle GBA) + (\angle GBC) + (\angle GCB) + (\angle GCA)$
$\quad = 180°$

で，条件 $|BC| > |CA| > |AB|$ と定理 6 より，右辺で最大のものは $(\angle GAB)$ である．よって，$\angle GBA, \angle GCA$ は鋭角であり，区間 $(0°, 90°)$ で正弦 (関数) は単調増加なので，$(\angle GBA) > (\angle GCA)$ が結論される．よって，前半の証明が完了する．

後半の不等号の証明も，条件 $|CA| < |BC|$ だけから，まったく同様に示される．

● 中級

1. 条件をみたす $\triangle ABC$ が存在すると仮定し，その面積を S とする．$a = |BC|$, $b = |CA|$, $c = |AB|$ とすると，次のように仮定してよい：

$$a = \frac{2S}{1}, \quad b = \frac{2S}{\sqrt{5}}, \quad c = \frac{2S}{1+\sqrt{5}}.$$

$a > b > c$ であるから，この三角形に関する三角不等式が成立するか否かの検査については，$b + c > a$ であることを確かめれば十分である．ところが，

$$b + c = 2S\left(\frac{1}{\sqrt{5}} + \frac{1}{1+\sqrt{5}}\right) < 2S\left(\frac{1}{2} + \frac{1}{1+2}\right) = 2S \cdot \frac{5}{6} < a$$

であるから，このような三角形は存在しない．

2. 問題の条件から，次を得る：

$$|A_1C| - |CB_1| < |A_1B_1|, \qquad |B_1A| - |AC_1| < |B_1C_1|,$$
$$|C_1B| - |BA_1| < |C_1A_1|.$$

ここで，

$$a = |BC|, \quad b = |CA|, \quad c = |AB|,$$
$$a_1 = |B_1C_1|, \quad b_1 = |C_1A_1|, \quad c_1 = |A_1B_1|$$

とすると，条件は次のようになる：

$$\frac{3}{4}a - \frac{1}{4}b < c_1, \quad \frac{3}{4}b - \frac{1}{4}c < a_1, \quad \frac{3}{4}c - \frac{1}{4}a < b_1.$$

これらを辺々加えて，次を得る：

$$\frac{1}{2}(a+b+c) < a_1 + b_1 + c_1, \quad \text{i.e.} \quad \frac{P}{2} < p.$$

次に，$\triangle ABC$ の辺上に線分 A_1A_2, B_1B_2, C_1C_2 を，

$$|A_1A_2| = \frac{1}{2}a, \quad |B_1B_2| = \frac{1}{2}b, \quad |C_1C_2| = \frac{1}{2}c$$

となるように選べば (下図参照)，

$$|B_2C_1| = \frac{1}{4}a, \quad |C_2A_1| = \frac{1}{4}b, \quad |A_2B_1| = \frac{1}{4}c$$

であるから，次を得る：

$$\frac{1}{2}b + \frac{1}{4}a > a_1, \quad \frac{1}{2}c + \frac{1}{4}b > b_1, \quad \frac{1}{2}a + \frac{1}{4}c > c_1.$$

これらを辺々加えて，次を得る：

$$a_1 + b_1 + c_1 < \frac{3}{4}(a+b+c), \quad \text{i.e.} \quad p < \frac{3}{4}P.$$

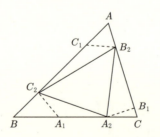

3. $1 = (a+b+c)^2 = a^2 + b^2 + c^2 + 2(ab+bc+ca)$ より，次を得る：

$$4(ab+bc+ca) = 2 - 2(a^2+b^2+c^2).$$

ヘロンの公式より，次を得る：

第 7 章　223

$$[\triangle ABC] = \sqrt{\frac{1}{2}\left(\frac{1}{2}-a\right)\left(\frac{1}{2}-b\right)\left(\frac{1}{2}-c\right)}.$$

これを平方して整理すると,

$$16[\triangle ABC]^2 = (1-2a)(1-2b)(1-2c)$$
$$= 1 - 2(a+b+c) + 4(ab+bc+ca) - 8abc$$
$$= -1 + 4(ab+bc+ca) - 8abc$$
$$= 1 - 2(a^2+b^2+c^2) - 8abc.$$

したがって,

$$1 - 2(a^2+b^2+c^2) - 8abc > 0 \; ; \qquad a^2+b^2+c^2+4abc < \frac{1}{2}.$$

4. $a+b+c=2$ より, $0 < a, b, c < 1$ を得る. したがって,

$$0 < (1-a)(1-b)(1-c) \leq \left(\frac{1-a+1-b+1-c}{3}\right)^3 = \frac{1}{27}.$$

よって, $0 < 1 - (a+b+c) + (ab+bc+ca) - abc \leq \dfrac{1}{27}.$

よって, $0 < (ab+bc+ca) - 1 - abc \leq \dfrac{1}{27}.$

これより, (1), (2) の不等式は直ちに得られる.

5. まず, これら 4 点のうちのどの 3 点のなす角も 120° より小さいこと
を背理法で示す. 一般性を失うことなく, $(\angle ABC) \geq 120°$ としてよい. す
ると, $|AB| \geq 5$, $|BC| \geq 5$ より, $|AC| \geq 5\sqrt{3} > 6\sqrt{2}$ であるから, A, C が
1 辺の長さが 6 の正方形のなかにあることに矛盾する.

次に □$ABCD$ が凸であることを, 再び, 背理法で証明する. □$ABCD$ が
凸でないとすると, 4 点のうちの 1 点は他の 3 点の作る三角形の内部にある
ことになる. 一般性を失うことなく, $\triangle ABC$ の内部に点 D があると仮定し
てよい. すると, 鳩ノ巣原理より, $\angle ADB$, $\angle BDC$, $\angle CDA$ のうちの 1 つ
は 120° 以上となり, これは上の主張に反し, 矛盾である. よって, □$ABCD$
は凸である.

さて, $\triangle ABC$ のいずれの角も 120° より小さいから, 少なくとも 1 つの
角は 60° 以上である；$(\angle ABC) \geq 60°$ としてよい.

したがって, $(\sin(\angle ABC)) \geq \dfrac{\sqrt{3}}{2}.$

よって，
$$[\triangle ABC] = \frac{1}{2}|AB|\cdot|BC|\cdot(\sin(\angle ABC)) \geq \frac{\sqrt{3}}{4}\cdot 25 > \frac{21}{2}.$$
まったく同様にして，$[\triangle ACD] \geq \frac{21}{2}$ を得るから，$[\square ABCD] > 21$ である．

6. 平面上の任意の点 P について，トレミーの不等式
$$|PA|\cdot|BC| + |PC|\cdot|AB| \geq |PB|\cdot|AC|$$
が成立する．したがって，次を得る：
$$\begin{aligned}f(P) &= |PA|\cdot|BC| + |PC|\cdot|AB| + |PD|\cdot|CA| \\ &\geq |PB|\cdot|CA| + |PD|\cdot|CA| \\ &= (|PB| + |PD|)\cdot|CA| \geq |BD|\cdot|CA|.\end{aligned}$$

ここで等号が成り立つのは，$\square PABC$ が円周に内接する場合であり，またその場合に限る．

したがって，$|BD|\cdot|AC|$ は $f(P)$ の下界である．しかし，点 P が $\triangle ABC$ の外接円と線分 BD の交点である場合に，またその場合に限って，等号が成立する．よって，4 点 P, A, B, C は共円である．

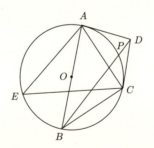

7. $\square ABCD$ の外接円の半径を R とすると，正弦法則より次を得る：
$$|AC| = 2R\sin(\alpha_4 + \alpha_1) = 2R\sin(\alpha_2 + \alpha_3),$$
$$|BD| = 2R\sin(\alpha_1 + \alpha_2) = 2R\sin(\alpha_3 + \alpha_4),$$
$$|AB| = 2R\sin\alpha_3, \quad |BC| = 2R\sin\alpha_2,$$
$$|CD| = 2R\sin\alpha_1, \quad |DA| = 2R\sin\alpha_4.$$

これらを証明すべき不等式に代入すると，次のようになる：

$$|AC|^2 \cdot |BD|^2 \geq 4|AB| \cdot |BC| \cdot |CD| \cdot |DA|. \tag{$*$}$$

一方，□$ABCD$ にトレミーの定理を適用すると，

$$|AC| \cdot |BD| = |AB| \cdot |CD| + |BC| \cdot |AD|$$

を得るが，相加・相乗平均の不等式より，

$$|AC|^2 \cdot |BD|^2 = (|AB| \cdot |CD| + |BC| \cdot |AD|)^2$$
$$\geq 4|AB| \cdot |BC| \cdot |CD| \cdot |DA|$$

となり，これは証明すべき式 ($*$) である．

8. $\angle PMQ$ 内に半直線 MD を，

$$(\angle PMD) = (\angle PMB) \tag{1}$$

となるように引くと，$(\angle BMC) = 180°$，$(\angle PMQ) = 90°$ から，

$$(\angle PMB) + (\angle QMC) = 90° = (\angle PMQ)$$

だから，

$$(\angle QMD) = (\angle QMC). \tag{2}$$

半直線 MD 上に改めて点 D を，$|MD| = |MB| = |MC|$ となるように定めると，(1) から，

$$\triangle PMD \equiv \triangle PMB.$$

よって，$|DP| = |BP|$, $(\angle PDM) = (\angle PBM)$.

同様にして，(2) から，

$$\triangle QMD \equiv \triangle QMC.$$

よって，$|DQ| = |CQ|$, $(\angle QDM) = (\angle QCM)$.

ゆえに，

$$(\angle PDQ) = (\angle PDM) + (\angle QDM) = (\angle PBM) + (\angle QCM)$$
$$= 180° - (\angle A) > 90°.$$

したがって，$\triangle DPQ$ は辺 PQ を最大辺とする鈍角三角形であるから，

$$|BP|^2 + |CQ|^2 = |DP|^2 + |DQ|^2 < |PQ|^2.$$

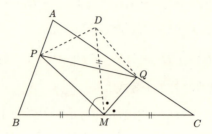

注　この問題で，
　　∠A が直角ならば，　$|BP|^2 + |CQ|^2 = |PQ|^2$,
　　∠A が鈍角ならば，　$|BP|^2 + |CQ|^2 > |PQ|^2$
が成り立つ．

索引

脚　23
アポロニウスの円　42, 148

鋭角三角形　5
n 角形　3
n 辺形　3
円弧　55
円周　55
円周角　56
円周角の定理　62
円周角の定理の逆　63
円盤　55

オイラー線　68, 174
オイラーの公式　64
扇形　56
大きさ　1
折線　3

外角　4, 5
外角の 2 等分線定理　33
外心　59
外接　61
外接円　59
回転移動　19
外部　3
角　1
拡大　21
角度　1
カルノーの定理　94

幾何平均　101
九点円　69, 178
境界　3
共役弧　55
距離　1, 3

弦　55

弧　55

合同　19
合同変換　19
根軸　209
根心　209

錯角　2
三角形が存在するための条件　4
三角形の合同条件　20
三角形の相似条件　21
三角不等式　99
算術平均　101
3 接円　62

シムソン線　211
シムソンの定理　91
重心　35
縮小　21

垂心　60
垂心三角形　12
垂線　2
垂線の足　3
垂足三角形　12
垂直　2
ステイネル (Steiner) 点　211
Steiner–Miquel の定理　97
スチュワート点　18
スチュワートの定理　18

正 n 角形　5
正弦　24, 25
正弦法則　26
正三角形　6
正接　24, 25
接弦定理　70, 71
線分　1

相加平均　101
相加平均・相乗平均の関係　100
相似　21

相似の位置　91
相似比　20
相似変換　20
相乗平均　101

ターレスの定理　22, 31
対角　4
対角線　5
台形　23
対称移動　19
対頂角　2
対辺　4
多角形　3
多辺形　3
単純 n 辺形　3
単純折線　3
単純閉折線　3

チェバの定理　84, 87
チェバの定理の逆　88
中央線　23
中心　55
中心角　55
中線定理　10
中点三角形　58
中点連結定理　24
頂角　3
頂角の 2 等分線の定理　32
頂角の 2 等分線の長さ　41
頂点　1, 3
調和共役点　196
調和点列　83, 196
調和平均　101
直線　1
直角　2
直角三角形　5
直径　55
直交　2

底辺　23
デザルグの定理　90
デザルグの定理の逆　91

同位角　2
凸　5
トレミーの定理　76
トレミーの不等式　100, 105
鈍角三角形　5

内角　3
内心　61
内接　59
内接円　61
内接四角形の定理　72, 79
内部　3
内部対角線　5

二等辺三角形　6
ニュートン線　89

配景の位置　91
パスカルの定理　95
パップスの定理　10, 93
半円盤　56
半径　55
半直線　1

ピタゴラスの定理　6
ピタゴラスの定理の逆　6

フェルマー点　18
ブリアンションの定理　97

閉折線　3
平行　2
平行移動　19
平行線になる条件　3
平行線の性質　3
平方平均　101
ヘロンの公式　43
辺　1, 3

傍心　62
傍接円　62
方冪　74
方冪の定理　70, 71, 73, 74

ミケル (Miquel) 点　211

メネラウスの定理　84, 85
メネラウスの定理の逆　86

弓形　56

余弦　24, 25
余弦法則　26, 35

鈴木晋一（すずき・しんいち）

略歴

1941 年　北海道釧路市に生まれる.
1965 年　早稲田大学理工学部数学科を卒業.
1967 年　早稲田大学大学院理工学研究科を修了.
　　　　　その後, 上智大学, 神戸大学を経て, 早稲田大学教育学部教授.
2011 年　早稲田大学を定年退職. 名誉教授.
　　　　　理学博士. 専門はトポロジー.
現　在　公益財団法人数学オリンピック財団理事長.

主な著書・訳書

『曲面の線形トポロジー』上下, 槇書店, 1986 年-1987 年.
『結び目理論入門』サイエンス社, 1991 年.
N. ハーツフィールド, G. リンゲル『グラフ理論入門』サイエンス社, 1992 年.
『幾何の世界』朝倉書店, 2001 年.
『集合と位相への入門——ユークリッド空間の位相』サイエンス社, 2003 年.
『位相入門——距離空間と位相空間』サイエンス社, 2004 年.
『理工基礎 演習 集合と位相』サイエンス社, 2005 年
『数学教材としてのグラフ理論』編著, 学文社, 2012 年.
など.

平面幾何パーフェクト・マスター——めざせ, 数学オリンピック

2015 年 2 月 20 日　第 1 版第 1 刷発行

編著者 ······················· 鈴木晋一 ©
発行者 ······················· 串崎　浩
発行所 ······················· 株式会社　日本評論社
　　　　　　　　　　　　〒170-8474 東京都豊島区南大塚 3-12-4
　　　　　　　　　　　　TEL：03-3987-8621 [販売]　　http://www.nippyo.co.jp/
企画・制作 ··················· 亀書房 [代表：亀井哲治郎]
　　　　　　　　　　　　〒 264-0032 千葉市若葉区みつわ台 5-3-13-2
　　　　　　　　　　　　TEL & FAX：043-255-5676
　　　　　　　　　　　　http://www.homepage2.nifty.com/kame-shobo/
印刷所 ······················· 三美印刷株式会社
製本所 ······················· 株式会社難波製本
装　訂 ······················· 銀山宏子
組版・図版 ··················· 亀書房編集室

ISBN 978-4-535-78590-8　　Printed in Japan

ジュニア数学オリンピック 2010-2014
数学オリンピック財団[編]

数学好きの中学生・小学生達が腕を競い合う「日本ジュニア数学オリンピック(JJMO)」。2015年に向けて《数学力》を身に着けよう！
◆A5判／本体2,200円＋税

数学オリンピック 2010-2014
数学オリンピック財団[監修]

2014年南アフリカ大会までのIMOと日本予選・本選の問題と解答、アジア太平洋数学オリンピック2014年の問題と解答をすべて収録。
◆A5判／本体2,200円＋税

完全攻略 数学オリンピック [増補版]
秋山 仁＋ピーター・フランクル[著]

数学オリンピック対策の定番。視覚化、対称性、場合分けなどのIMOの問題以外にも有力な戦略篇、分野別に問題を整理した実践篇に、演習篇（1日3題からなる模擬試験）と基礎知識をまとめた知識篇を増補。
◆A5判／本体2,200円＋税

東大の数学入試問題を楽しむ
数学のクラシック鑑賞
長岡亮介[著]

東大の入試問題は、数学的奥行き・広がりをもった良問が多い。すなわち"古典"である。単に解法を知るのでなく、入試の古典から「之を知る者は之を楽しむ者に如かず」の精神を学び、真の"数学力"を身につけよう。
◆A5判／本体2,200円＋税

知力を鍛える究極パズル
ディック・ヘス[著] 小谷善行[訳]

他書では見かけないオリジナルの難問奇問で、あなたに挑みます。あなたの知力をフル稼働させる、究極の数理パズル123題。
◆四六判／本体1,800円＋税

日本評論社
http://www.nippyo.co.jp/